华西儿保

余妈妈告诉你

辅食添加那些事儿

Huaxi Erbao

Yumama Gaosu Ni

Fushi Tianjia Naxie Shier

余　涛◀著

四川科学技术出版社

图书在版编目（CIP）数据

华西儿保余妈妈告诉你辅食添加那些事儿 / 余涛著
. -- 成都 : 四川科学技术出版社，2020.1
ISBN 978-7-5364-9727-6

Ⅰ. ①华… Ⅱ. ①余… Ⅲ. ①婴幼儿－食谱 Ⅳ.
① TS972.162

中国版本图书馆 CIP 数据核字（2020）第 022452 号

华西儿保余妈妈告诉你辅食添加那些事儿

HUAXI ERBAO YUMAMA GAOSU NI FUSHI TIANJIA NAXIE SHIER

余涛 著

出 品 人　钱丹凝
责任编辑　罗小燕
责任出版　欧晓春
出版发行　四川科学技术出版社
　　　　　官方微博：http://e.weibo.com/sckjcbs
　　　　　官方微信公众号：sckjcbs
成品尺寸　156mm×236mm
印　　张　12.5　字数 250 千
印　　刷　四川华龙印务有限公司
版　　次　2020 年 5 月第 1 版
印　　次　2020 年 5 月第 1 次印刷
定　　价　42.00 元

ISBN 978-7-5364-9727-6

地址：四川省成都市槐树街 2 号　邮政编码：610031
电话：028-87734059　电子邮箱：sckjcbs@163.com

“余妈妈”的来历

作为儿科医生，我面对的是儿童，看着一个又一个孩子慢慢长大，心里既欢喜又感触：孩子们倒是长大了，我可是变老了，都是量变到质变啊，怎么就那么不一样呢？！刚开始有人让孩子称呼我“婆婆”时心里会咯噔一下：我真的老了吗？我真的像婆婆了吗？这时总会有些伤感。也有人会先问：“是叫‘婆婆’还是叫‘阿姨’呢？”我心想当然叫“阿姨”嘛！记得曾经有次教女儿称呼邻居，一位漂亮阿姨时也纠结过：叫“婆婆”吧，把人叫老了，叫“阿姨”又觉得不礼貌，因为这位阿姨是我母亲的同事，女儿怎么能跟我一样叫“阿姨”呢？于是只能叫“婆婆”。那位阿姨当时的感受估计跟我现在的感受差不多吧。其实，别管辈分，只要把人喊年轻了就好，大人跟着孩子喊“阿姨”也行！随着同事、同学们孙辈的出生，当“婆婆”“势不可挡”，被称呼“婆婆”的次数逐渐增多，即便内心是一千个一万个不情愿！后来我想，“余妈妈”这个称谓不错啊。更加巧合的是，“江湖”上的一位“大哥”（论年龄其实是小弟）一天中午打电话跟我聊起“余妈妈”称谓的事情，我们不谋而合！于是“余妈妈”就正式“诞生”啦！从此“余妈妈”成为我的代名词，无论大人孩子，大家都称呼我“余妈妈”。

“余妈妈”这个称呼不仅赋予我对小朋友有像妈妈一样的责任感，也让小朋友对“余妈妈”有着像妈妈一样的亲切感。很多医生特别是儿童保健科医生都盼望着有一天接诊时间可以足够长，真的能像妈妈那样观察孩子们的一言一行，观察孩子们与家长的互动关系，了解孩子们的发育情况以及疾病状况，告诉家长们下一步应该怎么喂养，需要注意什么。每次短短 3 ～ 5 分钟的交流，“意犹未尽”的不仅仅是家长，还有我们医生，这也是我创建微信公众号“余妈妈”的初衷。对于我限于时间不能详细向家长们交代的，请关注“余妈妈”公众号，里面有很多我想告诉你们的育儿知识。

某日，看着四川大学华西医院耳鼻喉科赵宇教授（罩爸）的头像（微信公众号“罩爸的医事情缘”），于是我也想拥有自己的头像。感谢吕永寿同学为我设计的“余妈妈”头像！

这些情愫，不是儿科女医生，你不会懂！

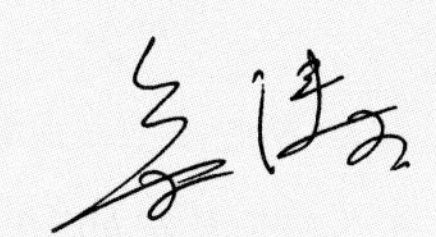

序

余妈妈的上一本育儿科普书《余妈妈告诉你生长发育那些事儿》邀请我写的序。

时隔一年多，余妈妈的第二本育儿科普书《余妈妈告诉你辅食添加那些事儿》即将与大家见面。

我也是一位热衷于做科普的儿科医生，难得有空闲的时候喜欢拿起笔为爸爸妈妈们写一些科普文章，并在我创办的微信公众号“萌知道”上面做公益。但比起余妈妈，我自愧没有挤出更多的时间把科普做得更多样化。

因此，我非常愿意向大家推荐余妈妈的育儿科普书。

作为父母，总是把孩子的健康放在第一位。四十余年的儿科从医经历告诉我，作为儿科医生，尤其是儿童保健医生，如何把爸爸妈妈们最需要、最实用的知识传递给他们，是一种责任。

2015 年，余妈妈开始在新浪微博和“好大夫”网站不间断地写一些科普文章，受到爸爸妈妈们的喜爱。从 2016 年 1 月 19 日开始，“余妈妈”公众号正式发布，向目标人群推送科普文章，内容主要是儿童保健知识，尤其是在生长发育门诊中，爸爸妈妈们经常咨询的问题，让爸爸妈妈们在养育宝宝的过程中不但知其然，也知其所以然。

《余妈妈告诉你辅食添加那些事儿》贴近生活，解决了许多新妈新爸们非常担心但又特别愿意花时间、精力去学习的关于宝宝“吃”的问题。辅食添加已经成为从母乳喂养向固体食物转化中必须高度关注的问题。在儿童保健门诊，我们发现由于给宝宝添加辅食不及时或者添加不当引发的营养问题越来越多，由此因喂养不当引起的亚临床或临床生长发育不足或不当，是造成 6 个月后的宝宝出现营养问题的主要原因之一。因此，专门讨论婴幼儿期的辅食添加具有重要而实际的指导意义。

余妈妈试图从一个儿科医生的角度为爸爸妈妈们讲解在宝宝的辅食添加过程中遇到的问题，科学指导他们，帮助宝宝健康成长。

本书以问答的方式呈现，问题来源于生活，非常接地气，爸爸妈妈们从中可以找到自己的问题，获得科学的指导，不让宝宝受到任何“委屈”。

预祝未来的爸爸妈妈们都能心想事成。

毛萌

（儿科学教授，博士研究生导师）

2019 年 8 月

前言

我们的身体在不断地发生变化，每天都会有老细胞死亡，新细胞诞生，而对生长发育的儿童来说，摄入的营养既要用于细胞更新，又要用于个体长大和功能成熟，所以，生长发育的儿童需要的能量和营养素按照公斤体重计算比成人相对更多。换言之，要想今天吃的食物中有一部分变成明天的“自己”，需要食物提供适当的能量和适合儿童生长发育的均衡营养素，否则可能出现营养性疾病，不仅影响儿童体格大小、体能和免疫功能，还会影响儿童的大脑发育、认知功能，甚至可能通过改变表观遗传标记影响儿童的健康。

宝宝出生后几个月内主要以奶为生，因为这个时候宝宝的消化道和肾脏成熟度决定了他们只能接受液体食物，但是液体奶能量密度毕竟有限，随着宝宝体重增加，低能量密度液体奶终究满足不了宝宝的营养需要，这个时候宝宝可以开始尝试除液体奶之外的更高能量密度的固体食物，也就是辅食。辅食将从一种到多种，从少到多，从稀到稠，从细到粗，逐渐过渡到跟家庭其他成员一样的家庭膳食模式。这个从液体奶到种类多样化的固体食物，从被喂食到自己进食的过渡时期就是辅食添加。辅食添加是人生饮食史上重要的里程碑。我们见到过太多生长良好但因

为辅食添加阶段过渡不当而转变为营养不良的宝宝，这也是余妈妈要告诉大家辅食添加那些事儿的主要原因。

太多年轻的爸爸妈妈在辅食添加时期“惶恐不安”或“无所适从”，他们大多会有以下疑惑：

“辅食什么时间加？”

“先加什么最好？”

“辅食如何搭配？”

“宝宝每餐需要吃多少辅食？”

“加了辅食要不要保证奶量？”

“怎么做辅食？”

“辛辛苦苦做好的辅食宝宝不吃又怎么办？”

“宝宝吃了不长是怎么回事儿？”

“宝宝什么时候可以加糖或盐？”

……

别着急，本书将分为五个部分告诉新手爸爸妈妈们辅食添加那些事儿。

第一部分　必须了解的婴儿喂养及辅食添加营养学知识

第二部分　基本辅食制作

第三部分　不同年龄段的宝宝的饮食时间安排

第四部分　妈妈们制作的辅食分享

第五部分　辅食制作工具和技巧分享

这本书一定会成为新手爸爸妈妈们给宝宝添加辅食的好帮手。

感谢妈妈们提供的辅食制作经验分享和照片！希望这本书能留下宝宝成长过程中美好的回忆！

第一部分 必须了解的婴儿喂养及辅食添加营养学知识……001

第一部分

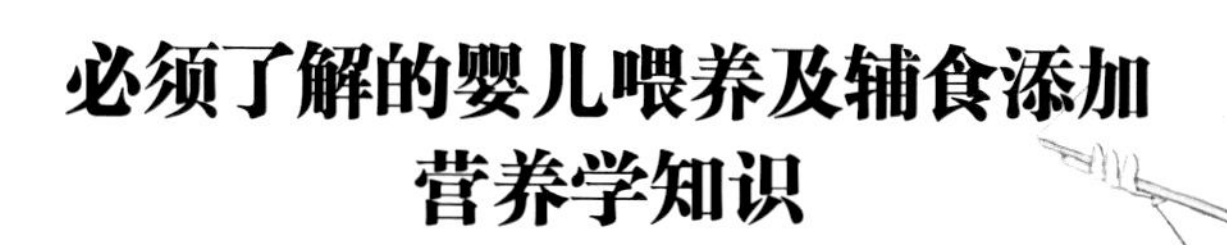

必须了解的婴儿喂养及辅食添加营养学知识

你可能认为营养学基本知识不重要，那是儿童保健医生的事情，而你只需要医生告知怎么喂养宝宝。事实上，当医生告诉你怎么做之后，你心里是不是仍然有“十万个为什么”？你可以先浏览这一部分所罗列出来的问题，我想你会立即被这些问题吸引，因为这些问题正是你给宝宝添加辅食时想咨询医生的“十万个为什么”中的问题，如：宝宝出生后吃什么？辅食是什么？先加什么辅食？加辅食后需要减少奶量吗？辅食什么时间加？怎么做辅食？宝宝什么时候开始学习自己吃饭？为什么让宝宝自己抓着吃？等等。

看完这一部分内容后，你就会得到这些问题的答案，你会弄清楚为什么要加辅食，辅食好还是奶好，辅食与奶如何转变，等等。后面的部分会让你从理论到实践，懂得如何搭配食物，明智地选择食物的种类，合理地设计宝宝的膳食结构，知道辅食具体怎么制作，怎么安排辅食添加的时间，同时你还会了解到其他妈妈是怎么做的。最后，你会发现这些知识不仅能帮助宝宝健康成长，也有助于你及家人的身体健康。

1 什么是辅食?

关于辅食的定义国际上存在差异。世界卫生组织（WHO）定义辅食为除了母乳之外所有的食物。如果一个宝宝出生后就吃配方奶的话，这个配方奶也是辅食。这显然跟我们绝大多数人心目中的辅食概念是不一样的。WHO 之所以这样定义辅食，其目的是提倡和鼓励妈妈们母乳喂养，即提倡纯母乳喂养。

欧洲儿科胃肠病学、肝病学和营养学会（European Society for Paediatric Gastroenterology，Hepatology and Nutrition，ESPGHAN）定义的辅食是除母乳和母乳替代品（各种婴儿配方乳）外，所有的固体和 / 或液体食物，所以

ESPGHAN 的辅食定义不包括婴儿配方奶，此“辅”非彼“辅”。中国营养学会关于辅食的定义与 ESPGHAN 一样。这个定义符合我们多数人对辅食的认知，是指辅助的固体食物。

2 什么叫纯母乳喂养？

辅食定义中提到了“纯母乳喂养”。WHO 定义纯母乳喂养是指婴儿只吃母乳和必须补充的营养补充剂（如维生素 D），不吃其他任何液体或固体的食物，纯母乳喂养能满足宝宝绝大多数营养需求，直到 6 个月。因此 WHO 强烈建议妈妈们纯母乳喂养宝宝到 6 个月，6 个月以后开始加辅食。

但是，母乳喂养是否可以坚持到 6 个月，这需要结合宝宝的生长情况和母亲情况来确定。

3 WHO 为什么强烈推荐纯母乳喂养呢？

人乳是小宝宝最好的食物，鲜牛乳是小牛最好的食物！

跟其他哺乳类动物的喂养方式一样，母乳喂养是最自然、最原始的喂养方式。虽然很多妈妈都清楚母乳喂养的好处，

但余妈妈还是要啰唆几句，说说母乳喂养的好处。

❶ 母乳所含营养素种类丰富全面，且比例适宜、营养均衡，非常适合小婴儿的肠道和营养需要。

❷ 母乳中的蛋白质以乳清蛋白为主，其蛋白质比例让母乳蛋白质更容易吸收，可以给宝宝提供生长需要的必需氨基酸。

❸ 母乳中的脂肪含有对大脑和视网膜的发育非常重要的“脑黄金”（长链多不饱和脂肪酸）。

❹ 母乳中的糖类以乳糖为主，还含有丰富的功能性低聚糖，后者有利于肠道益生菌（好细菌）定植。既然是好细菌，就对身体有好处。

❺ 母乳含钙量虽然没有牛奶高，但是钙、磷比例适宜，

并含有促进钙吸收的物质，所以母乳中的钙容易吸收。

6 母乳含有免疫球蛋白、溶菌酶、乳铁蛋白、双歧因子等能增加宝宝抵抗力的物质，这是其他配方乳无论如何模仿都不能达到的优点。

7 母乳储存在乳房中，干净、卫生、温度适宜，也方便，随时可以喂养，还比任何配方乳都便宜，可谓真正的“放心奶”啊！

8 母乳喂养过程中母子（女）对视有利于母亲和孩子感情的建立，互相越看越熟悉，越看越喜欢！

9 母乳喂养还能促进乳母子宫收缩，有利于母亲康复。

母乳的优点真是说不完。总之，母乳的营养成分全面、营养均衡，并且有利于宝宝消化吸收；母乳喂养的方式最天然原始，既有利于亲子关系，又有利于母亲康复。但是有一点千万别忘了，母乳营养来源于乳母，所以母乳喂养时乳母一定要注意营养，在营养均衡、食物种类多样化的同时注意多摄入优质蛋白质类食物，比如各类瘦肉，这样母乳的营养才有利于宝宝生长发育，否则乳母营养不好，母乳质量就堪忧，就可能是“劣质奶”哦！

纯母乳喂养一定要坚持到6个月吗？

WHO对纯母乳喂养的定义被很多妈妈当成了坚持纯母乳喂养的“尚方宝剑”。我之所以要提醒妈妈们纯母乳喂养

并非一定要坚持到6个月，是因为我见过很多病例，在宝宝出生后的体重增长速度持续低于预期水平时，妈妈们仍然“顽强”地坚持纯母乳喂养，她们不知道婴儿体重增长低于预期

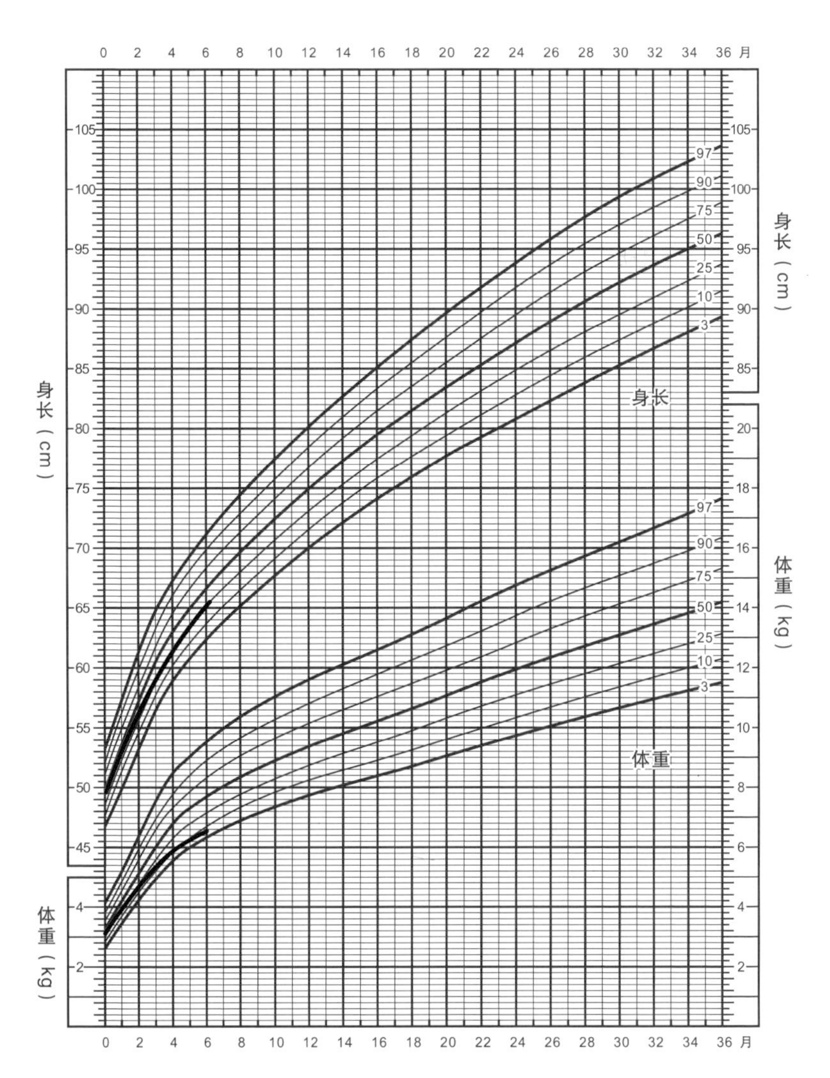

图 1–1　中国 0 ~ 3 岁女童身长、体重百分位曲线图

（根据2005年九市儿童体格发育调查数据研究制定。首都儿科研究所生长发育研究室制作。）

体重增长的 75% 时，医学上就可以诊断为轻度营养不良。我们知道很多事情都不是绝对的，坚持纯母乳喂养到 6 个月更是如此。并不是所有妈妈都适合或者能够纯母乳喂养到 6 个月才添加辅食，这跟许多因素有关，比如乳母的营养、泌乳量、妈妈的奶头条件、宝宝成熟度（是否早产和低出生体重）、疾病影响，以及宝宝对母乳的兴趣能否维持到 6 个月等，而决定是否坚持纯母乳喂养的最好标准是宝宝的生长趋势。如图 1-1 所示，宝宝体重曲线从出生开始一直向下跨越，说明母乳喂养是不成功的。

母乳肯定是宝宝最好、最适合的食物，我们非常赞同所有妈妈但凡有条件都可以尽量纯母乳喂养，最好到 6 个月。但是，妈妈们需要根据自己的具体情况决定是否坚持纯母乳喂养到 6 个月。

5 怎样知道母乳喂养的宝宝是不是吃饱了呢？

很多妈妈喂母乳时不清楚宝宝究竟吃了多少奶，不知道宝宝吃饱了没有，甚至干脆把母乳吸出来喂，清清楚楚了解宝宝每次喝了多少毫升奶心里才踏实。这个确实也能理解，不过也不是必须要吸出来喂才能知道宝宝是不是吃饱了。

以下几点可以帮助妈妈们判断宝宝是否吃饱了。

❶ 母乳充足的话宝宝吃 15 分钟左右就吃饱了，有的几

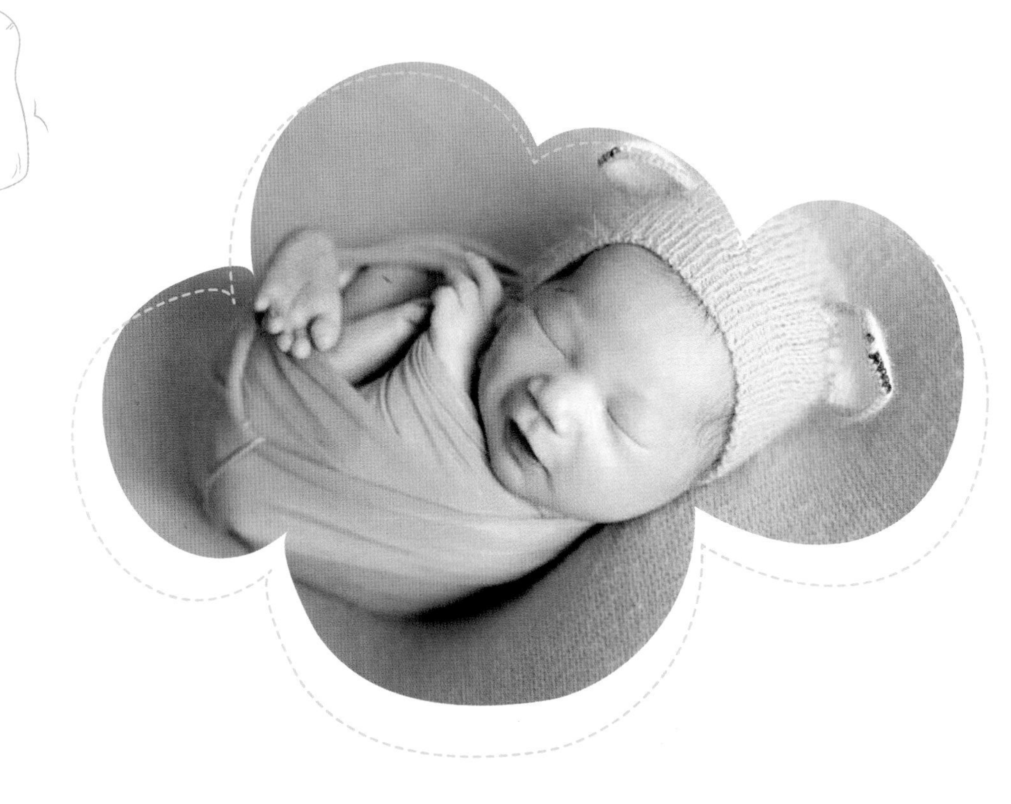

分钟就饱了，如果每次需要吃30分钟甚至1小时以上，要警惕母乳不充足，或者奶头不好吸，或者宝宝的小嘴巴跟妈妈的乳头衔接不好，总之要吃饱很费力，或者即使费了力也吃不饱。

② 吃奶时能听到宝宝明显的吞咽声（类似“咕咚咕咚”的声音，不过可能没有那么夸张），同时乳母乳房有“下乳”感，类似负压抽吸感觉。听到吞咽声只是表明宝宝吃到了奶，但不能说明吃饱了。

③ 吃饱后的宝宝会心满意足地睡2个半到3个小时，没吃饱的宝宝会哭闹不安，吃一会儿睡一会儿，睡一会儿又哭闹，又吃一会儿再接着睡，睡不了多长时间又哭，这样反

反复复。有时家长会以为是宝宝睡眠有问题，其实是宝宝肚子没吃饱，所以对睡不好觉的初生婴儿，首先要确认宝宝吃饱了吗？

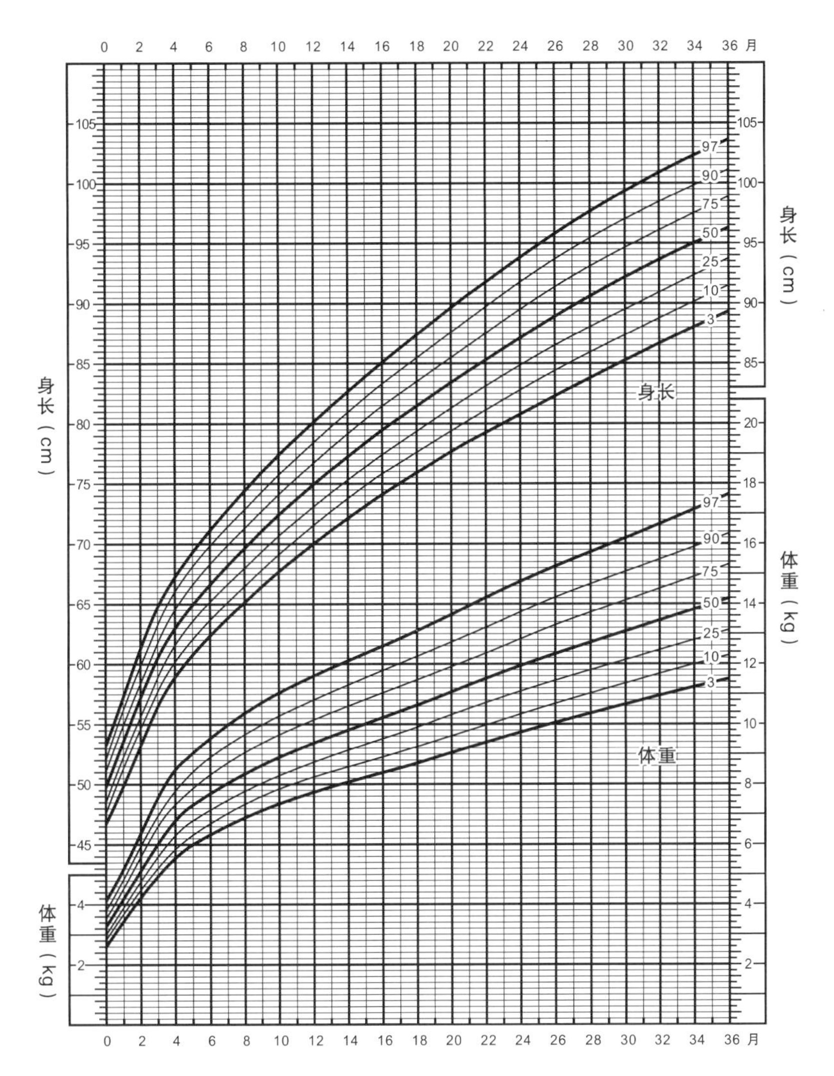

图 1–2　中国 0 ～ 3 岁女童身长、体重百分位曲线图

（根据2005年九市儿童体格发育调查数据研究制定。首都儿科研究所生长发育研究室制作。）

❹ 如果以上三点妈妈都不能确定，那就看喂养结果，宝宝吃进去的母乳有多少变成了自己的一部分呢？这个可通过体重增加来判断。正常的宝宝吃饱了会有理想的体重增长

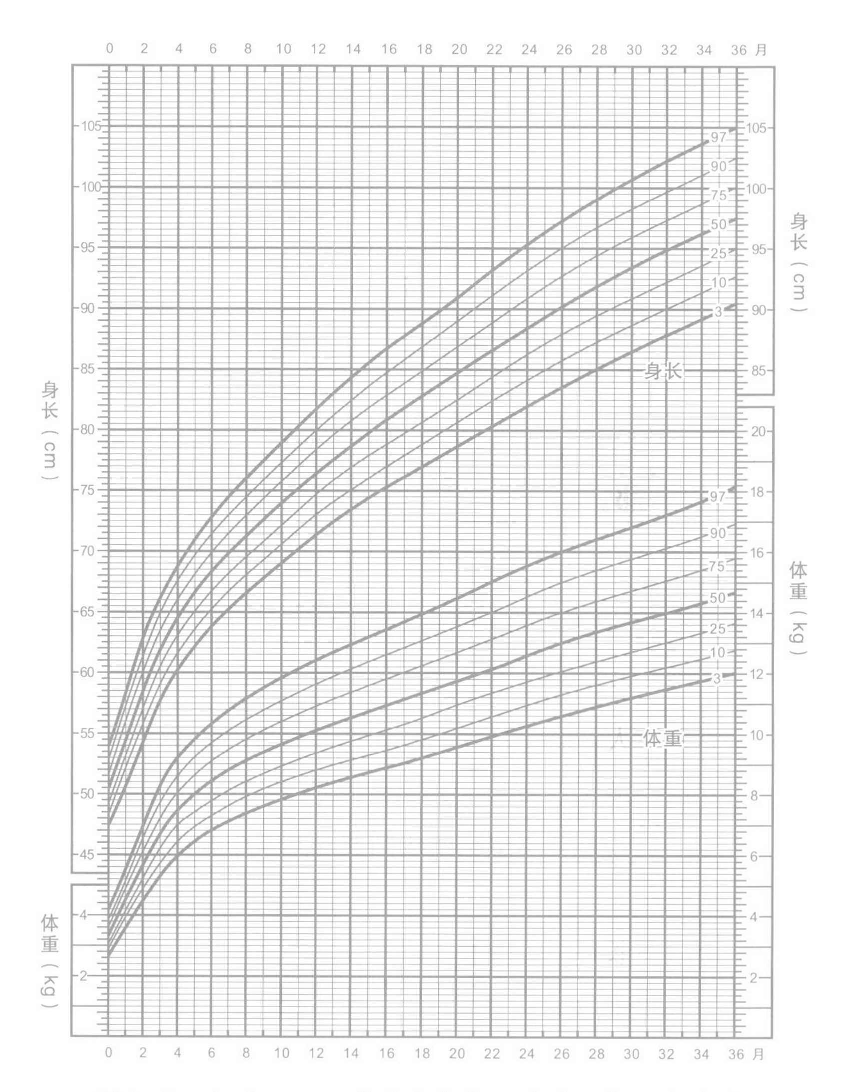

图 1-3　中国 0 ~ 3 岁男童身长、体重百分位曲线图

（根据2005年九市儿童体格发育调查数据研究制定。首都儿科研究所生长发育研究室制作。）

速度，定期做儿保，同时看生长曲线图就可以直观看出宝宝体重增长是否正常，从而推断母乳喂养的宝宝是否吃饱了。因此，所有的宝宝除了要准备吃的、穿的、用的，还要准备如图 1–2、1–3 所示的生长曲线图，体重曲线在原来百分位数曲线略微向上跨越，或者至少保持在同一百分位数曲线上即表明喂养成功。对于那些吃了不长，或者食欲不好的宝宝需要看专科门诊。

虽然母乳是宝宝最好的食物，但是如果宝宝生长不良，一定要及时寻找原因，根据具体情况调整喂养策略。无论哪种喂养方式都是为了让宝宝有良好的生长结果。

那么多种生长曲线图应该如何选择呢？

生长曲线是按各等级数值绘制成的，不同的曲线图是根据不同地区、人群的调查数据制定的参考值范围，最好的参考标准是以本地区、人群为基数制作的生长曲线，用于与本地区人群做比较。使用生长曲线图监测儿童生长不仅能较准确地了解儿童在同龄人中的生长水平，更重要的是能纵向观察并判断其生长趋势，以便及早发现原因，采取干预措施。因此，每位儿童都应该有自己的生长曲线图。

本书列出了几种曲线图：中国的和 WHO 的生长曲线图（图 1–2 至图 1–7）。WHO 生长曲线图的特点是基于 8 440 名母乳喂养婴儿的体格生长发育状况而制定的，更适合母乳

Weight-for-age GIRLS

Birth to 2 years (percentiles)

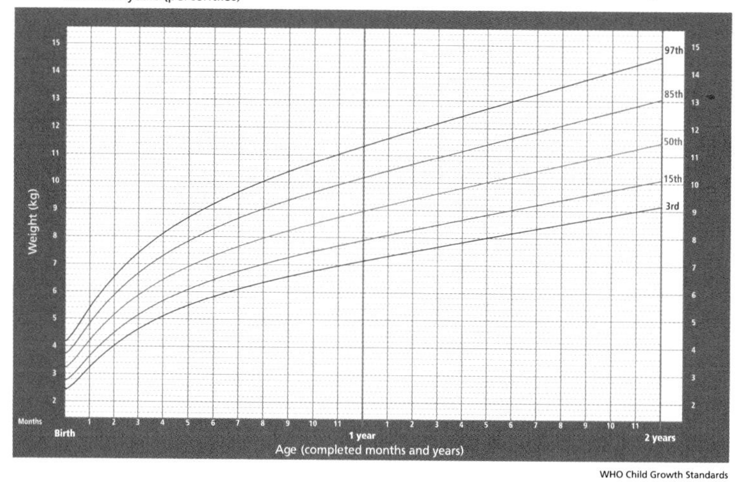

WHO Child Growth Standards

图 1-4　WHO 0 ～ 2 岁女童体重百分位曲线图

Birth to 2 years (percentiles)

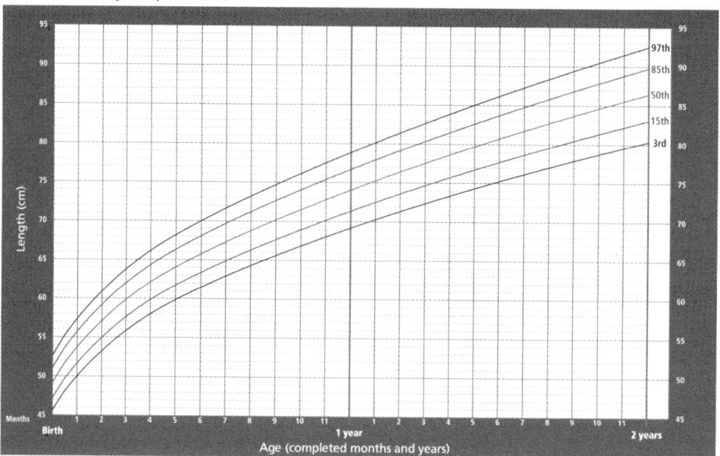

WHO Child Growth Standards

图 1-5　WHO 0 ～ 2 岁女童身长百分位曲线图

Birth to 2 years (percentiles)

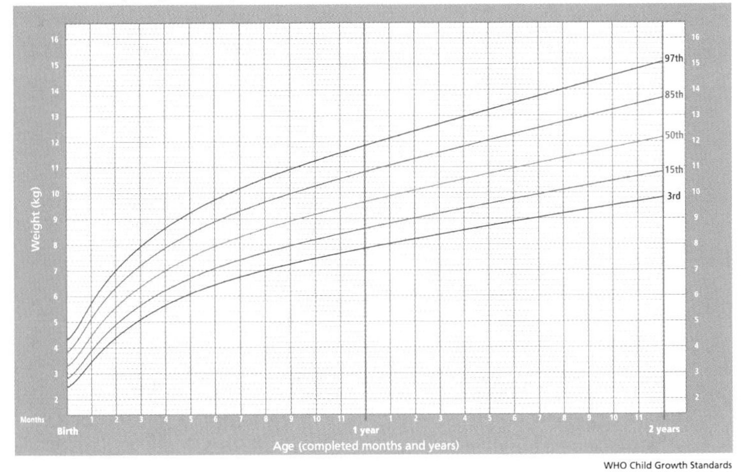

WHO Child Growth Standards

图 1–6　WHO 0 ～ 2 岁男童体重百分位曲线图

World Health Organization

Birth to 2 years (percentiles)

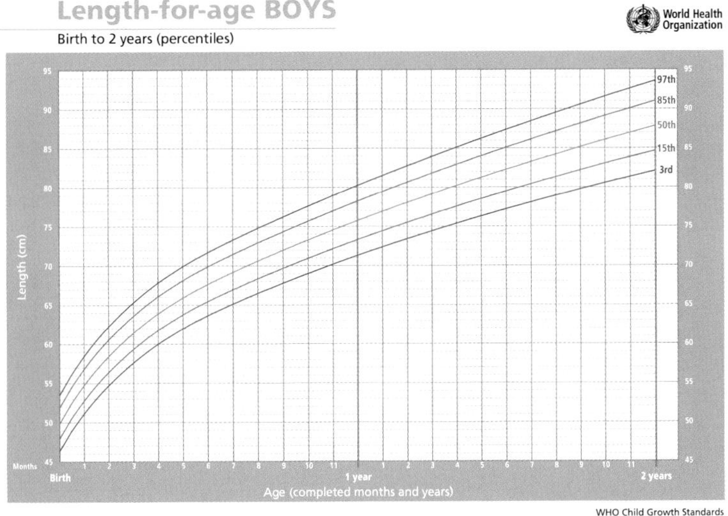

WHO Child Growth Standards

图 1–7　WHO 0 ～ 2 岁男童身长百分位曲线图

喂养的孩子。作为长期生长趋势的监测，选择哪种曲线图都可以。我认为WHO生长曲线图存在的问题是身长和体重不在一张图上，使用起来不太方便。

更多生长曲线图可以在“余妈妈”公众号里查到。

7 怎么读懂生长曲线图呢?

前面多次提到生长曲线图，可能有很多妈妈会问：“这个图是什么鬼？”下面余妈妈教你认识这个“曲线鬼”。

以0～3岁女童为例。图1-2中有两组曲线，上面那组是身长曲线（3岁之后称为“身高”），下面那组是体重曲线。为什么每组曲线都有7条呢？每条有什么区别呢？下面我们以体重曲线为例来说明这7条曲线的意义。

首先，7条曲线右侧分别标有3、10、25、50、75、90、97，这些数字代表的含义是百分位数。

什么是百分位数呢?

百分位数是衡量某个数据在相应集合中位置的参数，它提供了有关数据项在最小值与最大值之间分布的信息，其意义在于了解某一个样本在所有样本集合中的位置。比如，小红1岁，体重10千克，从这个曲线图上看得出，位于第50～75百分位数，说明有25%～50%的1岁女孩比小红重。再比如，小英2岁，身高93.5厘米，在这个曲线图上正好位于第90百分位数，说明有10%的2岁女孩比小英高。

如果小朋友只有一次测量值，只能说明这一次测量值在同龄人中的位置，对持续生长的孩子，一次测量值的意义非常有限。这个小朋友虽然这次体重位于第 50 ～ 75 百分位数，有可能 3 个月前她位于第 75 ～ 90 百分位数，也可能 3 个月前位于第 25 ～ 50 百分位数，而这个趋势变化决定了医生的指导方案。

各位爸爸妈妈们，重要的生长曲线图中看上去复杂的线条是不是非常简洁直观呢？

怎么描绘生长曲线图？

下面仍然以图 1-2 所示 0 ～ 3 岁女童身长体重曲线图为例进行解读，其他曲线图以此类推。

横轴和纵轴分别代表什么？

横 轴 的 2、6、8、10、12、14、16、18、20、22、24、26、28、30、32、34、36 这些数字代表宝宝月龄；纵轴分为上下两部分，下面的刻度代表体重，上面的刻度代表身长（0 ～ 3 岁为身长，3 岁以上为身高）。纵轴左右同样分为两部分，代表的是不同的计量单位，体重单位“kg”（千克），身长单位“cm”（厘米）。弄清楚横轴和纵轴代表的含义，这张图我们就基本读懂了一半。简单来说，这张图表示的是不同月龄宝宝的身长和体重。我们在图上可以看到两组曲线，上面那组是不同月龄宝宝的身长，下面那组是不同月龄宝宝的体重。

怎么描绘孩子的身高、体重呢？

按照宝宝的月龄将身高和体重数值标在坐标图上，只有一个点（一次测量数据）看不出孩子的生长趋势，当有至少2个数据时，就可以连线，点数越多，越能显示生长趋势。

带宝宝看生长发育门诊时别忘记带上生长曲线图，它有助于医生判断宝宝的生长情况。

9 母乳喂养的宝宝为什么不容易断夜奶？

母乳喂养时妈妈容易让宝宝吃着奶入睡（也就是含着奶头入睡），或者半夜宝宝哭闹时妈妈可能会为了“息事宁人”，或者图方便用奶头安抚宝宝，于是妈妈的奶头就成了天然的安抚奶嘴了，而这个天然的安抚奶嘴比人工制造的安抚奶嘴还“糟糕”，因为天然奶嘴除了会影响母子睡眠，还影响宝宝的牙齿健康。因此，这个时候的夜奶对宝宝来说是一种习惯、一种安抚，不是真的需要吃奶。

一旦养成这种习惯，断夜奶会非常困难。用奶瓶喂养的宝宝养成含着奶瓶入睡的习惯后也不容易断夜奶。只是用奶瓶喂养的宝宝养成这种习惯的相对较少。宝宝一旦养成含着奶头入睡的习惯，很容易发生“奶瓶龋齿”。

10 母乳不足时怎么选择配方乳？

虽然我们的愿望是纯母乳喂养至少 6 个月，但是并不是所有的妈妈都能纯母乳喂养到 6 个月，如果不能，就应该及时添加配方乳。

所有普通婴儿配方乳都以母乳为参考标准，其目标是让其配方尽量接近母乳，包括各种成分含量和比例，所以配方乳宣称的特点其实就是鲜牛奶的缺点、母乳的优点。但是不管怎样努力，配方乳也不可能跟母乳一样具有多种抵抗疾病的功能，也不可能像母乳一样方便、经济与放心！

但是，妈妈因为医学原因不能母乳喂养或者确实母乳不足，面对琳琅满目的婴儿配方乳，应该如何选择呢？

1. 选择比较了解的品牌，并且有朋友的宝宝正在用的。
2. 首选普通婴儿配方，没有特殊原因不要选择特殊配方，特殊配方需要在医生指导下使用。
3. 首选牛奶来源。
4. 选对的，不选贵的。

总之，母乳是宝宝最好的食物，母乳不足或者因为医学指征不能母乳喂养时，我们要根据宝宝的情况选择比较了解的品牌的普通婴儿配方乳，有医学原因时需要咨询医生。

11 奶粉是选进口的还是国产的好呢?

不管进口还是国产配方，其配方标准是类似的，都是以母乳为标准，只是不同国家有不同的行业标准，即使同是进口或国产奶粉，不同品牌其配方所含能量、宏量营养素、微量营养素都会有细微的差别。但是，我们知道，营养学会推荐的各种营养素需要量本来就有一个范围，只要在范围内都是可以接受的。因此，只要产品合格，进口的、国产的都可以。

无论国产还是进口奶粉，我的经验还是应选择自己熟悉或者周围有多个朋友的宝宝使用过感觉还不错的品牌的奶粉。

12 0～6个月的小宝宝每天需要多少能量？

只有了解宝宝每天需要的热量，才能计算出宝宝每天需要喝多少奶。中国营养学会对6个月内的宝宝需要的能量推荐量随着年代的改变也在改变。余妈妈读书时

以及毕业后的很长一段时间，6个月内的宝宝需要的能量推荐量是100～120千卡/（千克·天）。可能因为近年来肥胖发生率飙升，中国营养学会官网（cnsoc. org）上查阅到0～6个月宝宝需要的能量推荐量是90千卡/（千克·天）。但是，一个人的能量需要量跟很多因素有关系，能量是否合适，归根结底要看生长结余。结余太多，说明吃多了；结余不足甚至"入不敷出"，说明吃少了，或者有什么情况额外增加身

体的消耗，或者有什么情况影响宝宝的消化吸收。因此，同样的奶量，不同的宝宝体重增长是不一样的，有的吃得少却长得好，有的宝宝能吃却长得不理想。需要提醒的是，有的父母自认为宝宝吃得足够多，实际上宝宝还没有吃够，或者饮食结构不合理（比如加辅食后肉类加得不够，食物能量密度就可能太低，优质蛋白质也不足）。当然，具体原因还需要请医生分析。

13 以奶为生的小宝宝每天喝多少奶合适？

知道了小宝宝需要多少热量，再计算奶量就容易了。母乳或者普通婴儿配方乳可提供热量约 67 千卡 /100 毫升，0 ～ 6 个月宝宝能量需要为 90 千卡 /（千克 • 天），奶量就是 134 毫升 /（千克 • 天）。1 ～ 2 个月宝宝如果是按 5 千克计算，每日奶量大约为 671 毫升，分 5 ～ 6 次，或 6 ～ 8 次吃，每次的量就很清楚了。事实上，这个计算的奶量只是让妈妈们对宝宝大概需要吃多少做到心中有数，我们并不需要每天根据体重严格按照计算奶量来喂宝宝，每次奶量都由宝宝自己决定，喂到宝宝不吃就行了，除非某次吃得异乎寻常的多，或者宝宝长得过快而奶量需要适当控制。宝宝的奶量也不绝对是一定要以体重按比例增加，有时吃得多，有时吃得少，甚至 3 个月时奶量可能比 2 个月时还少。671 毫升奶量对 1 ～ 2

你轻皱眉头 抿着小嘴
懵懂地把世界打量
这是你65天的样子

个月的宝宝来说实际上不算多，多数宝宝在这个年龄段奶量为 700 ～ 800 毫升。因此奶量是否充足必须结合宝宝的生长曲线来判断。

14 宝宝的胃可以装多少奶?

当然，宝宝所需奶量也需要结合胃的大小，所以上述计算并不适合刚出生的宝宝。下图表示不同年龄宝宝胃的大小。宝宝出生后第一天胃如樱桃般大小，每次只能吃 5 ～ 7 毫升奶，当然也有很多宝宝第一天可以吃 10 毫升以上的奶，樱桃也有大小嘛！宝宝出生后前几天奶量基本上是“摸着石头过河”，需要结合宝宝是否频繁呕吐（几乎每次吃了奶都要吐）和大小便，最后根据宝宝的意愿和生长情况逐渐增加奶量。下图提示出生后第 1 天、第 7 天、第 30 天宝宝胃容量的大小。

5 ~ 7 毫升　　45 ~ 60 毫升　　80 ~ 150 毫升
1 天　　7 天　　30 天

因此，每个宝宝每天吃多少奶不是绝对统一的，有时候新手妈妈担心宝宝消化不良，宁愿让宝宝挨饿也不敢增加奶量。母乳喂养时不知道宝宝吃了多少奶，那就需要结合宝宝的睡眠、大小便、生长曲线（主要是体重曲线）来综合判断，最重要的是看宝宝的体重增长情况。无论母乳量是否充足，只要没有疾病，宝宝的体重增长符合要求，母乳量就合适；配方奶喂养时可以观察宝宝吃奶的情况，如果准备的奶宝宝吃完了，那么可以逐渐增加奶量，再结合宝宝的生长及其他情况综合评估增加的量和速度，比如长得太快，增加奶量容易呕吐，奶量增加速度就悠着点；如果长得不好，只要宝宝能吃，就继续逐渐增加奶量。

15 以奶为生的小宝宝可以额外喝水吗？

很多年轻妈妈在宝宝6个月以内都有些“谈水色变”，虽然说纯母乳喂养的宝宝通过母乳可以获得几乎所有需要的营养素，不需要喝水，但是，这句话的主要意思是纯母乳可以满足宝宝几乎所有的营养需要，包括水。

喝水过多确实会出现水中毒，那么以奶为生的小宝宝（加辅食前，一般是6个月之内）除了吃奶，可以额外喝水吗？可以喝多少呢？

正常成人出入水量与体液保持动态平衡。而处于旺盛生长发育中的宝宝需要保持水的正平衡，因为生成新生组织需要保留水和其他物质。

宝宝是否可以喝水与其对水的需要量密切相关。人体生理需水量包括：不显性失水＋生长发育所需水量＋排尿所需＋粪便所需－内生水量（体内物质代谢会产生水）。通过计算，足月新生儿总的需水量为110～150毫升/（千克·天）（这个量只针对足月宝宝，不包括早产宝宝）。按每千克体重计算，年龄越小，个体需要水分越多。前面已经计算了母乳喂养宝宝奶量为134毫升/（千克·天）左右，奶汁中的含水比例是100毫升奶含水88%～90%，如果奶量134毫升/（千克·天）时摄入水量即为120毫升/（千克·天）左右，这个摄水量可以满足宝宝的需水量，但是离宝宝需水量110～150毫升/（千克·天）上限150毫升/（千克·天）还有至少30毫

升 /（千克·天）的余量，也就是说，宝宝除了吃奶，每天还可以喝 30 毫升 /（千克·天）左右的水。这样计算的意义是：正常奶量已经能够满足宝宝对液体的需要，不必额外喝水，如果适量喝水也还是允许的。

宝宝喂养不是做化学分析，不需要如此精确，正常个体即使是小宝宝也有调节自身水平衡的能力。小宝宝需水量跟很多因素有关，如宝宝成熟度（越不成熟，如越早产，需水量相对越多，但也越容易发生水中毒）、体温、活动、哭闹、环境湿度、受辐射程度等，根据具体情况其需水量会有些增减。因此，一个以奶为生、奶量摄入充足的小宝宝是可以喝水的。可根据尿的颜色来判断，尿色太黄说明身体缺水，这时如果奶量充足的话可以喝水，若奶量不充足就增加奶量，或者不想吃奶的小宝宝也可以喝水。

因此，爸爸妈妈们不必“谈水色变”，小宝宝是可以喝水的，如果一定要说个量，那就是 30 毫升 /（千克・天）左右。不过，请注意这个量是怎么计算出来的，每个宝宝可能有些差异，是否需要以及需要多少要根据宝宝的具体情况具体分析和判断。“余妈妈”公众号里提到过，小宝宝每次奶后都可以喝水 2 ~ 3 毫升，其主要目的是为了清洗口腔。

16 选择什么样的水比较安全？

越来越多的人关注饮用水安全性，妈妈们在宝宝用水方面也有些选择困难。

地表水或地下水经过处理后成为自来水，需要煮沸才可以喝。但是，地表水污染问题决定了城市和城镇的水源水质，多数人对这种处理过的水显然也不太放心，特别是家里添了小宝宝之后。

那么，我们喝什么水比较安全呢？有以下两种选择：

❶ 使用纯化自来水装置。这个是大多数家庭的选择，注意不同纯化水系统各有利弊，而且不是“一劳永逸”，需要定期维护，更换过滤装置。

三岁时的你 乖巧 害羞
总是用你的小手紧紧拉住妈妈的手

② 使用瓶装水。瓶装水一般属于食物类，由食品与药品管理局管制，确保瓶装水达到相关卫生标准，而且瓶装水消毒方法不同于自来水，所以口感不同于自来水。每批次瓶装水都经过检验，相对来说比较安全。

选择瓶装水时需要注意什么呢?

① 了解水来源，判断来源地受污染程度。

② 看商标标注的是蒸馏水、纯净水还是矿泉水。蒸馏水或者纯净水不含矿物质，而矿泉水含有允许范围内的矿物质。因此饮用水选择矿泉水比较好。

③ 注意标签上矿物质的含量表。

17 小宝宝必须使用婴儿水吗？

余妈妈特意比较了几种水的成分及其含量，见表1-1。因为几种矿物质含量都有很大范围，所谓婴儿水，其几种矿物质含量跟某些普通瓶装水接近。身体是一个具有精密调节功能的整体，我认为只要是在国家规定的安全范围内的瓶装水都可以使用。家里有经济实力的，可以选贵的和好的，经济实力较弱的，在做出选择前注意是否物有所值。

表1-1 不同瓶装水矿物质含量（毫克/升）

	钙	镁	钾	钠
瓶装水1	80	26	1.0	6.5
瓶装水2	5.0～35.0	1.0～10.0	0.5～5.0	1.0～10.0
瓶装水3（某品牌婴儿水）	4～20	0.5～10	0.35～7	0.8～20

18 宝宝为什么会厌奶？

出生1～2个月的宝宝对吃奶十分专注，饿了就哭，饱了就睡，体重增加很快。出生3～4个月之后，宝宝渐渐不再一鼓作气吃奶了，而是吃吃停停，断断续续的，很容易被周围的各种声音打断，显得很爱管闲事，这时的奶量可能还没有 1 ～ 2 个月时多，这是为什么呢？

多数情况下这是宝宝在婴儿期正常的表现，我们称为“生理性厌奶”。虽然目前没有所谓“厌奶”的诊断，但是临床上类似情况比比皆是，我们也暂时称其为“厌奶”。

生理性厌奶有哪些原因呢？

1. 由于宝宝出生后的体重增加会逐渐减缓，因此对奶量的需求也就有可能会减少。

2. 随着宝宝的成长，无论是宝宝的吸奶能力，还是宝妈的泌乳量都会明显提高，因此宝宝吃奶的时间会变短，次数也会相应变少。

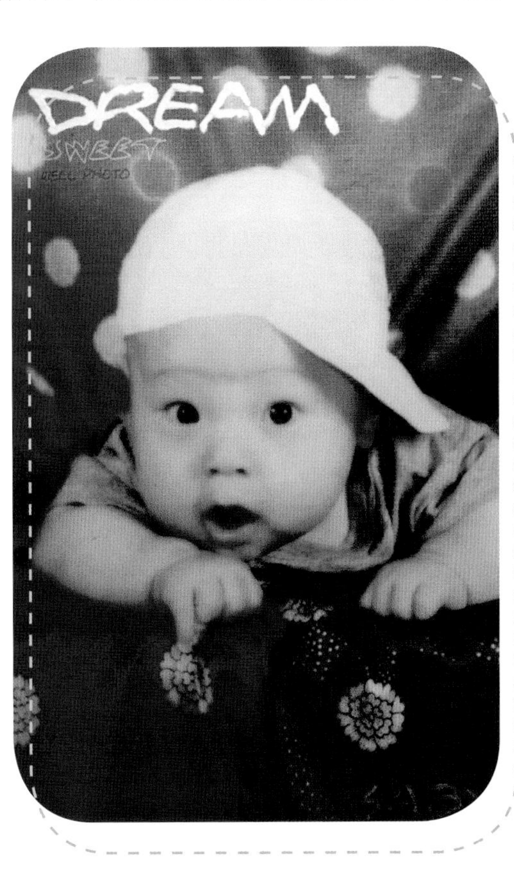

3. 随着宝宝的发育成长，宝宝开始好奇地探索周围的环境，因而吃奶时很容易分心。

4. 宝宝吃了 100 多天同样的食物，可能吃腻了。

5. 长得太胖的宝宝也可能

通过少吃点不至于让自己太胖。

宝宝出现奶量减少时不要太紧张，如果宝宝精神状态好，没有其他异常表现，比如腹泻、呕吐、发烧等情况，请顺其自然；如果自己不能确定就及时看医生。

如何区分生理性与病理性厌奶？

很多时候，新手妈妈不知道宝宝奶量减少是什么原因，或者是不是因为疾病影响了胃口，我们可以从以下三点区分生理性与病理性厌奶。

❶ 生理性厌奶的宝宝在厌奶时不伴有异常表现，如发烧、咳嗽、大便异常等；反之，则可能是病理性厌奶，需要看医生。

❷ 生理性厌奶的宝宝生长发育情况正常且体重在正常范围，或维持正常的生长速度，或者体重增长只是稍缓慢，毕竟因为吃得少了；反之，如果宝宝生长停止或太缓慢（最好结合生长曲线图判断，生长曲线横跨或者向下跨越，而不是向上跨越），就需要看医生了。

❸ 生理性厌奶的宝宝精神状态很好。任何情况下，只要宝宝精神状态不好都需要看医生，看看有没有什么病理性的原因。

如果宝宝是生理性厌奶，宝妈们不用太担心，宝宝只是在大人认为该吃奶的时间不想吃奶罢了，而什么时候宝宝该吃奶以及该吃多少奶应该由宝宝自己决定。生理性厌奶通常会持续一段时间后才自然恢复，如果妈妈太紧张，采取不正确的措施，比如逼着宝宝吃，或者让宝宝吃“迷糊奶”，那么宝宝厌奶的持续时间会更长，还有可能导致最终真正厌奶或厌食。如果厌奶的同时宝宝有任何妈妈不能把握的情况，应及时看医生。

20 宝宝出现生理性厌奶时怎么办?

很多妈妈在宝宝奶量下降的时候很紧张，即便宝宝活蹦乱跳也依然担心。宝宝出现生理性厌奶，可以按照以下方法缓解。

不强迫宝宝喝奶

喂养宝宝主张顺应喂养，即观察宝宝的饥饿信号，根据宝宝的需要来决定喂养时间和奶量，而不是妈妈认为宝宝应该吃多少，宝宝厌奶时更应如此。妈妈能做的是给宝宝提供符合宝宝营养需要和对宝宝来说可口的食物。只要是生理性厌奶，宝宝肯定会饿的，千万不要强迫宝宝吃奶。如果妈妈不

确定宝宝是不是生理性厌奶，那就观察宝宝的精神状态，然后咨询医生。

合理安排宝宝的吃奶时间与次数

3个月后的宝宝可以逐渐过渡到定时喂奶，不过这个所谓的“定时”也是相对的，还是应该根据宝宝的食欲来决定。没有加辅食时宝宝3～4小时喂一次奶。宝宝可能从每天8次逐渐到每天5～6次，甚至4次，个体差异很大。总之，每个宝宝的吃奶间隔时间和次数是不一样的，应根据宝宝的具体情况来决定，也就是由宝宝自己决定。

不要给宝宝设定奶量

妈妈们常常会坚持让宝宝吃完她们计划的奶量才会善罢甘休。为了达到设定的奶量，宝妈们可能会强迫宝宝或者喂宝宝“迷糊奶”，这样容易造成宝宝对吃奶产生厌恶感，形成厌奶。所以不要强迫宝宝吃奶，宝宝想吃多少就吃多少，等宝宝不吃了应立即停止喂奶。宝宝的奶量一定要由宝宝自己决定。

营造良好的就餐环境和气氛

宁静平和以及愉快的环境和气氛有助于宝宝专心吃奶。喂奶时尽量选择光线柔和且安静的房间，尽量避免有干扰的环境，如开着电视，旁边有人说话、走动等，让宝宝能安静地完成进食。

适时添加辅食

宝宝4～6个月时，出现辅食添加信号后可以尝试添加辅食。注意让每一餐辅食逐渐达到食物种类多样化，营养均衡。不要纠结宝宝每天必须喝多少奶，更不要在宝宝喜欢吃辅食不喜欢吃奶时停喂辅食以达到吃奶的目的（换位思考一下，想吃的东西不让吃，不想吃的被强迫吃是什么滋味）。只要辅食营养均衡，一样可以提供宝宝需要的各种营养素，帮助宝宝正常生长。不要勉强宝宝，等宝宝“想通了”，自然会再想喝奶的。

总之，在宝宝精神状态好、生理性厌奶时不要勉强宝宝吃奶，顺其自然，等待宝宝的食欲自然恢复。

21 为什么不要喂“迷糊奶”？

“迷糊奶”是指宝宝在睡梦中或快要睡着时喂奶。“迷糊奶”不是宝宝主动喝奶，实际是一种条件反射似的“被喝”奶。

宝宝 3 ～ 4 个月时吃奶的劲头有些减弱，没有之前那样能吃了，但是精神没有异常，其他什么情况都是好的，这是俗称的“生理性厌奶”，实际上可能是宝宝吃腻了，或者宝宝太胖了从而自动控制体重，或者就是不想吃了。很多妈妈在这个时候太着急，就给宝宝吃“迷糊奶”，以为宝宝是在“吃”奶，实际上那只是一种吸吮反射，伴随着这个反射动作把肚子填饱了。

事实上，吃是人的本能，通过吃东西让肠道受到刺激，同时传递信息给大脑，给人带来一种满足感，所以吃东西不仅给个体提供能量和需要的营养素，也让个体产生心理满足感。宝宝的食欲由宝宝自己决定，只要不是疾病状态，宝宝不吃表示宝宝不饿，这个时候我们要做的是等待宝宝产生饥饿感，而不是硬塞给宝宝吃，让宝宝吃“迷糊奶”。宝宝迷糊时被喂奶，清醒的时候就会缺乏饥饿感。如果妈妈总是在宝宝迷糊时喂奶，宝宝醒的时候当然就不会吃奶了（不饿啊），于是妈妈又在宝宝迷糊的时候喂奶，如此循环，宝宝吃奶的生物钟就被人为调整了。

有一种冷叫奶奶觉得冷，有一种饿叫妈妈觉得饿！

22 为什么要添加辅食？

宝宝出生后几个月之内都是以奶（人奶或配方奶）为生，因为发育不成熟的消化系统只能把液体奶（而不能把固体食物）“加工”（消化吸收）成机体需要的各种营养素，这时的泌尿系统功能也不太强大。随着月龄增加，体重增加，低能量密度的液体奶已经不能满足需要，宝宝会更频繁地要求吃奶，并且会对他人吃东西表现得非常渴望。人类真是很奇怪，到了液体奶吃不饱的时候消化功能就基本发育成熟，能够加工处理固体食物了，泌尿系统也逐渐发育成熟。当然，这些系统发育成熟也不可能一步到位，而是一个探索—适应—完

善的过程，直到完全发育成熟，能够跟成人吃一样的食物需要数年时间，所以辅食需要逐渐添加，让宝宝能逐渐适应并接受。因为个体差异，每个人消化系统发育的进程不一样（其他系统也是），所以，同样月龄的宝宝对同样食物的消化吸收能力是不一样的，有的宝宝加辅食很顺利，有的宝宝可能容易出现消化不良。但是，所有正常宝宝最后都会变得跟我们成人一样可以接受所有食物。

这个从液体奶到成人饮食的转变过程就是辅食添加，即低能量密度的液体奶已经不能满足宝宝需要，宝宝的消化系统已经发育到能消化、吸收固体食物，泌尿系统也能处理更多机体代谢废物的时候，而宝宝的神经发育也能处理半固体以及固体食物时，我们就需要开始给宝宝提供辅食，以便让宝宝的饮食逐渐向成人的饮食模式转变。

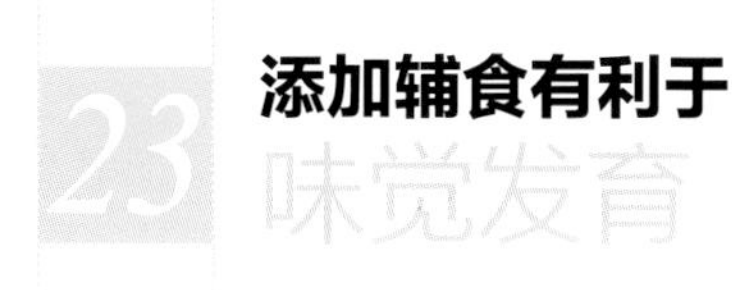

23 添加辅食有利于味觉发育

在胎儿时期，宝宝的味觉就开始发育了，其实宝宝在妈妈肚子里的时候就已经在津津有味地品尝羊水了，那个时候宝宝可能认为羊水真是“胎间美味”啊！有实验证实，宝宝出生第 1 个月内能辨别酸、甜、苦（没有辣，可能没有人忍心让新生宝宝尝试辣的感觉吧），发现宝宝对甜味的液体表现得很愉快，对酸味和苦味会皱眉头，不愿意接受。4 ～ 5

个月时宝宝的味觉进一步发展，对食物气味以及性状改变很敏感。这是一个添加辅食、品尝“人间美味”、刺激宝宝味觉发育的好时机。

24 添加辅食有利于语言发育

不同性状的食物要求的口腔运动是不一样的。宝宝吃液体食物时口腔运动基本是由吸吮—吞咽完成，吃固体食物则还需要咀嚼、牙齿研磨（如果有牙齿的话）、舌头搅拌、再吞咽，吃固体食物需要更多口腔肌肉参与，所以可以通过锻炼口腔肌肉和舌运动的灵活性来帮助宝宝的语言发育。

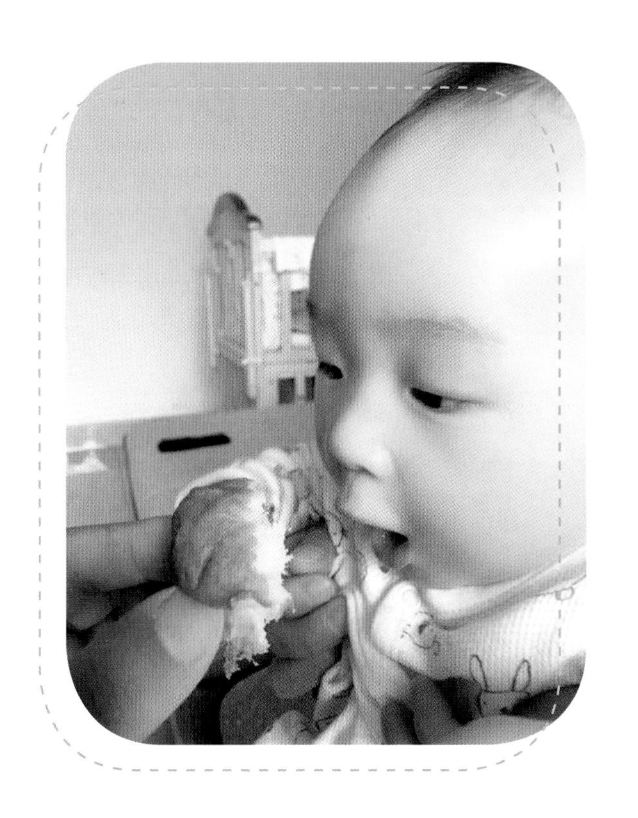

25 哪些信号提示宝宝可以添加辅食呢?

宝宝添加辅食的信号总结如下:

1. 月龄 4 ～ 6 个月，体重 7 千克以上。
2. 每天奶量大于 1 000 毫升，或每次奶量大于 200 毫升。
3. 母乳喂养的次数增加了，每日超过 8 次。
4. 宝宝的头能竖稳而不是耷拉着的（神经发育成熟）。
5. 看他人吃东西时表现很激动（有兴趣）。

6 模仿他人的咀嚼动作。

7 可以抓到东西送进嘴里。

8 不会用舌头把勺子顶出来（伸舌反射消失）。

我们需要综合这些信号来判断宝宝是否可以开始添加辅食，并不一定所有信号同时具备。在发育成熟的前提下（4～6个月），如果宝宝对辅食有兴趣的话就可以尝试了。

26 宝宝可以添加辅食的必要条件是什么？

是否可以添加辅食的前提（即必要条件）是宝宝胃肠道和肾脏发育成熟，能够消化代谢半固体食物（比固体食物更稀），同时宝宝神经发育到能够处理固体食物，比如能接受勺子喂养的糊状食物。达到这个前提条件的月龄是4～6个月，即出生后17周（满4个月）到26周。

妈妈们可能会问：我怎么知道宝宝的胃肠道和肾脏是否发育成熟了？我怎么知道宝宝是否能处理固体食物了呢？很多研究已经证实，宝宝出生后4～6个月，胃肠道和肾脏已经发育成熟，可以消化吸收半固体食物，不过，宝宝的生长发育也存在个体差异，所以加辅食需要从一种到多种、从少到多地尝试，也就是只有尝试了才知道宝宝身体是不是发育成熟到能处理半固体和固体食物了。

27 为什么宝宝 4 ~ 6 个月时才需要添加辅食呢?

WHO 推荐妈妈们纯母乳喂养到 6 个月加辅食，其前提是纯母乳喂养情况下宝宝生长良好。

添加辅食需要宝宝发育到一定水平，比如能竖头，头可以随着目标转动。宝宝 4 ～ 6 个月时基本能达到这个水平，不像之前头还经常耷拉着，4 ～ 6 个月时，宝宝的头部竖立得比较稳当，并且头可以随着目标（比如勺子）转动，这时宝宝的味觉也进一步发育，所以 4 ～ 6 个月是添加辅食的一个“窗口期”。宝宝添加辅食的月龄是4～6个月，多数是5～6

个月，少数是 4 个月，这需要结合宝宝的奶量、吃奶的兴趣、母乳是否充足以及母乳不充足时宝宝是否接受奶瓶和配方奶等情况来定。因为宝宝接受新口味的时间也是有敏感时期（4 ～ 6 个月）的，过了这个敏感时期，宝宝可能就对辅食不再感兴趣了。有些宝宝 1 岁时都不喜欢吃辅食，仍然“以奶为生”，而液体奶能量密度太低，即使每天吃 1 000 毫升以上的奶量，宝宝的体重增长依然十分缓慢。

所以，添加辅食需要宝宝发育到一定水平（比如竖头、头部可以随着勺子等目标转动）时才可以进行。

28 为什么建议宝宝体重 7 千克以上需要添加辅食呢？

按照宝宝热量的需要，婴儿时期需要 85 ～ 95 千卡 / 千克・天，按照普通配方乳或母乳的供能为每 100 毫升约含 67 千卡，所以宝宝 7 千克时如果达到这个需要量，要喝将近 1000 毫升奶。如果是母乳喂养，宝宝要求吃奶的次数会增加，也会因为吃不饱出现睡眠问题。有时候妈妈会发现之前不吃夜奶的宝宝开始吃夜奶了，之前可以管 3 小时左右的一顿奶现在只能管 2 小时左右了。1 000 毫升以上奶量可能会加重宝宝发育不成熟的肾脏负担，所以宝宝每日的奶量应尽量低于 1 000 毫升。当然也有少数宝宝的胃口特别好，3 ～ 4 个月的奶量就超过 1 000 毫升了。

并不是所有宝宝都要求7千克以上才可以添加辅食，有的宝宝月龄已经6个月甚至6个月以上体重仍然低于7千克，这时也可以添加辅食；或者，还没有到7千克，奶量已经到了1 000毫升，需要结合宝宝其他辅食添加信号来综合判断是否需要加辅食。

29 什么是“伸舌反射”？

刚开始用勺子给宝宝喂食物时，宝宝可能会用舌头把勺子顶出来，这就是“伸舌反射”，这是宝宝自我保护的一种

非条件反射，可能宝宝用伸舌动作告诉你“我可不是来者不拒的哦，万一这个东西对我有害呢？”其实这也是宝宝对新食物感到恐惧的表现。尝试多次（每个宝宝的尝试次数是不一样的）后，宝宝就“半推半就”“欲拒还迎”“不给就抢”了！

伸舌反射是一种正常表现。给宝宝加辅食时，宝宝出现伸舌反射时千万不要勉强宝宝吃，大人越勉强宝宝就会越拒绝。

30 为什么必须添加辅食？

母乳那么好，只要母乳充足就应该一直喝，为什么必须要添加辅食呢？按照这个逻辑，吃配方奶的宝宝永远都可以不添加辅食了？吃完了就到超市买呗！那么，宝宝为什么到了一定时间必须添加辅食呢？

❶ 液体奶能量密度低，已经填不饱宝宝的肚子，宝宝会频繁地要求吃奶

乳类（母乳或配方乳）能量密度为 0.6 ～ 0.7 千卡 / 克。国际上建议婴儿食物的能量密度 6 ～ 8 个月龄内为 0.6 千卡 / 克，12 ～ 23 月龄为 1.0 千卡 / 克。由此可见，乳类是宝宝

适宜的食物，但是随着宝宝年龄的增长，能量需要的增加，终究难以通过增加液体奶摄入量来满足宝宝能量的需求，所以宝宝需要开始摄入更高能量密度的固体食物。

② 咀嚼和吞咽功能的锻炼需要固体食物

宝宝出生就有觅食和吸吮能力，但咀嚼动作的完成需要舌头、口腔、面颊肌肉以及牙齿之间的协调运动，这个动作必须经过对口腔、咽喉的反复刺激和不断训练才能获得。根据不同年龄阶段提供不同的辅食就是锻炼宝宝咀嚼和吞咽功能的最好办法。刚开始宝宝可能用舌头将勺子顶出，或将食物吐出，甚至有恶心表现，没关系，只要反复少量多次地喂食，宝宝就会逐渐习惯。

③ 进食技能的培养

这些技能包括宝宝自己抱着奶瓶喝奶，到用手抓吃食物，再到宝宝自己能熟练地使用勺子和筷子。这些动作的训练不仅有助于宝宝眼、手、口的协调，还能帮助宝宝获得自信心和独立能力。宝宝 2 ～ 3 个月就开始吃手到以后抓住任何东西都往嘴里送的行为其实是宝宝进食技能培养的开始，是培养眼、手、口协调能力的最初阶段，不必阻止宝宝，但可以通过分散注意力防止宝宝养成吃手的坏习惯。宝宝的进食技能培养过程中要有耐心，要容忍宝宝把食物弄得乱七八糟，只要我们有足够的耐心，给宝宝反复尝试的机会，宝宝就能逐渐学会自己进食。

因此，适时添加辅食不仅可以增加宝宝能量的摄入，满足宝宝日益增加的能量需求，还可以训练宝宝咀嚼和吞咽功能，同时添加辅食阶段也是培养宝宝进食技能的重要时期。

31 可以让宝宝吃手吗？

多数宝宝 2 ～ 3 个月开始吃手。吃手是宝宝的进步，表示宝宝可以通过自己的能力吃到东西了，有人说宝宝是通过吃手来满足口欲。那宝宝吃手的时候我们需要注意什么呢？

1. 把宝宝的手洗干净以“备吃”。洗手是预防疾病的重要措施，经常给宝宝洗手可以培养宝宝养成勤洗手的良好卫生习惯。

2. 宝宝吃手时不需要阻止，因为阻止不了。其实宝宝吃手，说明宝宝无聊，如果宝宝手上有事情做，就不会总想吃手了。

32 添加辅食时需要特别关注宝宝对食物的兴趣吗？

上面讲了可以给宝宝添加辅食的几点信号，那么我们特别要注意的这些信号是什么呢？

宝宝到一定月龄（4～6个月）时，神经、消化道和肾脏差不多发育成熟了，在此前提下需要特别关注给宝宝添加辅食的信号是宝宝对食物的兴趣。如果宝宝对之前的食物（母乳或配方奶）没有兴趣，可以尝试添加辅食，只要宝宝能消化辅食，又对辅食有兴趣，那就继续添加。要注意添加的辅食逐渐达到种类多样化，并且营养均衡。

谁都喜欢吃自己喜欢的东西，不要勉强宝宝吃他（她）不喜欢吃的东西，越勉强就越会破坏宝宝对食物的兴趣。

33 添加辅食需要遵守什么原则？

很多妈妈都了解辅食添加的原则。相对于出生 100 多天以来每天吃的液体奶，新的固体食物摄入对宝宝的消化系统是一种挑战。为了让宝宝的消化系统逐渐适应并接受固体食物，添加辅食时需要少量地、一种一种地添加。

因此添加辅食的原则是：从一种到多种，从少到多，从稀到稠，在宝宝健康状况良好的时候添加。换句话说，添加辅食需要“摸着石头过河”，每个宝宝的情况不一样，吃多少、吃什么都需要走一步看一步，观察宝宝没有腹泻、呕吐等现象就可以逐渐增加。没有一个固定模式适用于每一个宝宝。

34 添加辅食时宝宝食物的性状需要怎么变化？

辅食需要按照汤、泥、末、碎的过程循序渐进地添加。

宝宝 4 ～ 5 个月开始尝试汤类，即液体类的食物，比如菜汁、果汁、米汤。有人在“余妈妈”公众号里问：“余妈妈，都说第一个要加的辅食是米粉，你为什么说是这些汁呢？”汤类是除奶以外能量密度最低的食物，实际是让宝宝尝试除了奶之外其他食物的口味，是为添加固体食物做准备，只要宝宝可以消化，忽略这一步当然也可以。

宝宝 5 ～ 6 个月开始添加泥状食物。泥状食物的性状类似土豆泥，这时宝宝对食物种类的需要逐渐增多。

末、碎类的食物比泥状粗，有些是颗粒状的食物，但比成人的食物细软。

汤类食物（米汤）

泥状食物

末状、碎状食物

第二部分将告诉大家这些食物的具体做法。

35 除了奶类，宝宝第一次尝试的汁类食物是什么？

添加辅食之前，我们需要给宝宝做一些加固体食物之前的准备，也就是尝试除了液体奶之外的其他液体，比如水果汁、蔬菜汁、米汤等。一般在正式加固体食物之前 2 周左右开始尝试。

菜汁的做法很简单，把时令蔬菜切碎，煮沸后不超过 5 分钟即可，也可以使用果蔬机榨汁，然后煮沸并稀释。果汁不需要煮，用果蔬机榨汁，然后按 1 ∶ 1 稀释。米汤的做法就更简单了，就是煮好的稀饭中的汤水。这个阶段在两次吃奶之间喂宝宝汁类食物，使用小勺，喂几勺（2 ～ 3 毫升）就可以了，目的是让宝宝尝试除了奶之外的其他食物，并不是为了补充营养，所以不需要喂太多。

只要宝宝能消化半固体或固体食物，也可以忽略汤类食物的尝试。

36 这些汁类食物什么时间喝？喝多少？

汁类食物在宝宝两顿奶之间尝试即可，喝 2 ～ 3 毫升，1 ～ 2 小勺，既然是尝试，就是“浅尝而止”。按照蔬菜汁、水果汁、米汤的顺序尝试。绝不可以用米汤替代一餐母乳或

配方奶，它们之间的热量和营养素成分及含量有天壤之别！

比如，宝宝早上9点钟喝了奶后如果没有睡觉，9点30左右尝试喂少量苹果汁，然后宝宝可能要睡一会儿，12点钟喝奶。对于很能吃又肥胖且不担心喝了其他汁类食物会影响奶量的宝宝可以安排在喝奶前尝试。对于食欲不强、奶量不多、不贪吃的宝宝就不适合在喂奶前喂汁类食物，可以在两餐奶之间尝试。

尝试蔬菜汁5天后可以尝试水果汁，再过5天后尝试米汤，可以间隔3～5天尝试不同的汁类。米汤尝试5天后可以开始尝试少量米粉。新食物之间一般相隔3～5天。

例如宝宝满5个月后可以这样安排：

5个月第1周：蔬菜汁，每天一次，每次2～3毫升；

5个月第2周：上午水果汁，下午蔬菜汁，每次2～3毫升；

5个月第3周：上午水果汁，下午蔬菜米汤，每次2～3毫升；

5 个月第 4 周：开始尝试少量米粉，这是宝宝第一次尝试的固体食物（根据宝宝的情况，米粉也可以安排在宝宝满 6 个月之后尝试）。

上述汁类食物均在两餐奶之间添加，一般在上午 10 点左右，下午 4 点左右；米粉最好在宝宝吃奶前添加。

尝试加少量汁类是为了试探宝宝对奶以外其他食物的消化能力。对大多数宝宝来讲，忽略这几毫升的汁类而直接加米粉也是可以的。

37 可以用果汁代替白开水吗？

当然不可以！

给宝宝添加辅食前的果汁只是为了给宝宝尝试味道，能

够适应这个味道之后就可以吃果泥了，果汁很快就退出“历史舞台”，平时宝宝喝水只能喝白开水。

为什么不能用果汁替代白开水呢？喝白开水的目的是增加水分摄入，清洗口腔，而果汁中含有果糖，宝宝如果不停地喝果汁，会缺乏饥饿感，导致厌食乃至营养不良。“来者不拒”、食欲超级好的宝宝会因为摄入过多糖类而引起肥胖。经常喝果汁不仅不能起到清洁口腔的作用，相反会损害宝宝的牙齿，导致龋齿。

因而，绝对不能用果汁代替白开水。

38 可以用果汁代替吃水果吗？

当然也不可以！

果汁虽然是由新鲜水果榨汁而成，但是榨汁过程中水果中的营养素会有一定损失，很多人体需要的营养素如膳食纤维会留在果渣中，当然也会有小部分矿物质留在了果渣中，而且某些维生素比如维生素 C 接触到氧气也会有损失。因此，吃水果要吃整果而不是果汁。宝宝能够吃果汁后可以用勺子刮果泥（如香蕉泥、苹果泥）喂他，或者用本书中提到的“咬咬乐”让宝宝吃水果。宝宝适应果泥之后，可以把水果切成小块，让宝宝自己抓着吃，但需注意这种手抓的水果不要太硬，避免宝宝噎着。

39 能吃米汤的话可以用米汤替代奶吗？

绝对不可以！一餐白米饭都不能替代奶，更不要说能量密度更低的米汤。米汤只是宝宝尝试米粉类食物的“试金石”，可以吃米粉就不吃米汤了。

40 宝宝第一次尝试的固体食物是什么？

虽然国外有指南主张第一次尝试的固体食物是肉类，但大多数指南还是主张宝宝第一次尝试的固体食物应该是强化铁米粉。强化铁米粉是

预防宝宝缺铁以及缺铁性贫血。来自妈妈的铁源储备在宝宝4～6个月时消耗得差不多了，所以宝宝4～6个月时容易出现缺铁性贫血，尤其是纯母乳喂养的宝宝。因此建议给宝宝添加辅食时加含强化铁的米粉。当然，如果宝宝已经出现了一定程度的缺铁，就需要在医生指导下服用铁剂。

41 为什么添加辅食时要强调含铁食物的补充？

铁是人体必需的很重要的一种微量营养素，是合成血红蛋白的必要原料。铁缺乏不仅影响组织供氧，同时因为铁参与细胞中许多重要酶的组成，所以铁缺乏还会影响身体代谢。对儿童来说，缺铁可影响儿童生长发育、运动和免疫等；婴幼儿严重缺铁会影响认知和学习能力。铁缺乏症是最常见的营养素缺乏症，也是一个备受关注的全球性健康问题。因而我们要在宝宝喂养过程中密切关注其铁营养状况。

宝宝体内的铁是在妈妈孕末期储存的，从出生开始消耗，到6个月时，宝宝体内储存的铁基本消耗完毕。而母乳中铁含量低，不足以满足宝宝成长所需，因此母乳喂养的宝宝喂养时间越长越容易出现缺铁。配方乳喂养应根据配方乳中强化铁的含量来看。添加辅食时如果不及时添加含铁丰富的食物，宝宝很容易出现缺铁及缺铁性贫血。

当然，米粉中虽然含铁，但是其含铁量是有限的，宝宝添加辅食也是从少量开始，所以并不是加了米粉就“万事大吉”了，需要我们密切监测，对于已经出现缺铁或缺铁性贫血的宝宝必要时需要在医生指导下服用铁制剂。

42 米粉用什么调配？

米粉用什么调配都可以，只要宝宝能消化，如白开水、蔬菜汁、各种肉汤、液体奶等都可以。刚开始加米粉时，我建议用奶（母乳或婴儿配方奶）调配，一方面让宝宝在口味上有过渡，另一方面也能在一定程度上让辅食营养成分更加均衡、全面。

因而当辅食比较单一的时候，建议用奶调配米粉。

43 第一次添加的米粉是强化铁纯米粉

按照辅食添加从一种到多种的原则，开始添加的米粉应该是纯米粉而不是添加了其他食物种类的米粉，比如胡萝卜米粉等。待宝宝适应纯米粉后，可以尝试多种口味的米粉。

不过，米粉相当于宝宝的饭，逐渐添加各种菜类后米粉是否含有其他成分也就不重要了。以后宝宝的食物种类会逐渐跟成人一样，只是食物性状暂时不同罢了。

44 市场上米粉品种琳琅满目，如何选择？

建议根据以下几点选择米粉：

★ 米粉来源是否安全？没有污染的来源当然最好。

★ 是否含强化铁以及其他微量营养素？

★ 强化的铁是否容易吸收？动物铁比植物铁容易吸收，二价铁比三价铁更容易吸收。

★ 是否添加了香精、盐、糖等？避免宝宝从小喜欢重口味食物，导致将来挑食、偏食。

★ 了解其他小朋友吃的什么？反应如何？

45 自己做的米粉可以代替从市场购买的米粉吗？

自己做的米粉更加放心，所以很多家庭喜欢自己做米粉，但是儿科专家还是不主张在给宝宝添加辅食初期自己做米粉，其原因主要是自己做的米粉不含强化铁和其他微量营养素。但是，如果宝宝辅食添加顺利，辅食种类多样化，并且有含铁丰富的食物特别是肉类，也可以自己做米粉。只是，当食物种类多样化后，宝宝已经差不多可以吃粥了，米粉也就逐渐淡出，被米面类食物替代。

46 米粉一次吃多少呢？

给宝宝添加新食物的原则一定是从少到多，加米粉当然也是按这个原则。大概从小半勺（2～3克）开始，观察3～5天，如果宝宝没有不耐受或消化不良的表现，可以增加米粉量或者其他种类辅食。别忘了，添加辅食的最终目标是逐渐达到食物种类多样化，所以加了米粉之后需要逐渐增加其他食物种类。

47 米粉在一天中的什么时间添加呢？

米粉添加标志着宝宝吃固体食物的开始，随着时间的推移，这餐固体食物的量和种类都会逐渐增加，最后代替一餐奶。添加辅食的最终目的是将宝宝的膳食模式转换到成人的膳食模式，所以不仅食物种类要逐渐跟成人饮食接轨，进餐时间也需要跟成人接轨。所以，从一开始加米粉就要跟以后一日三餐的时间保持一致。米粉在早餐或中餐或晚餐时间，并且在吃奶之前添加，吃了米粉立即喝奶（母乳或者奶粉），让宝宝一餐一餐吃饱。

一般第一餐米粉在中午喝奶前添加。

48 为什么固体食物不在两餐之间添加？

有的妈妈可能会选择在两餐奶之间，即妈妈比较空闲，也有精力的时候添加米粉。试想，我们添加辅食的目标是从少到多，随着这餐辅食量和种类的增多，以后这一餐辅食迟早会“喧宾夺主”，成为一餐食物。如果在两餐之间添加辅食，随着辅食量的增多，宝宝进食的生物钟（也就是进食规律）会发生变化，餐间辅食会成为主食，这样宝宝的进餐时间就

不能顺利地跟成人保持一致。所以，添加辅食应选择在宝宝吃奶之前。

49 宝宝添加辅食后需要保证一定的奶量吗？

在喂养宝宝的过程中最好避免说 “保证”。因为，宝宝的食量必须并且也只能由宝宝自己决定，一旦爸爸妈妈要“保证”宝宝的奶量或者其他食量，就可能采取一些不恰当的措施勉强宝宝吃甚至喂“迷糊奶”，这样可能就“摊上事儿了”，因为今天每一步错误的做法都可能为以后宝宝厌食、营养不良、生长迟缓等埋下隐患。

宝宝添加辅食之后，辅食量少的时候宝宝的奶量可能不会有太大变化，但随着辅食量增加，奶量势必会减少，最终这顿辅食会替代奶，而且替代这餐奶的辅食会提供更多的能量及各种人体需要的营养素。要达到这样的效果，就需要这餐辅食种类多样化，食物搭配合理，营养均衡。

所以，宝宝添加辅食后奶量会自然减少，宝宝能吃多少一定也必须由宝宝自己说了算，我们能做的是让每一餐辅食逐渐达到食物种类多样化，搭配合理，营养均衡，最后这餐辅食不仅能提供比奶更多的热量，也能提供全面均衡的营养素。

50 可以用米糊代替一餐奶吗？

吃了100多天单一食品（母乳或配方奶）的宝宝一旦尝到了米糊的味道有可能会非常喜欢。有的妈妈就很快让宝宝吃饱米糊而代替一餐奶，这是不可以的！一餐单纯的米粉，其热量供应可能跟一餐母乳或配方乳差不多，但是其宏量营养素（蛋白质、脂肪、糖类）供能比例非常不合理，远不及母乳或婴儿配方乳。米粉中蛋白质、脂肪、糖类供能比例分别是8.5%、12%、89.8%，而对婴儿来说，理想食物中的蛋白质、脂肪、糖类供能分别应为10%～15%、35%～50%、40%～50%。如果摄入的食物中米面类太多，那么会因为食物中蛋白质含量太少，蛋白质和热量太低，宝宝长出来的肉脂肪比例高，也就是肥肉过多而瘦肉过少，这样的身体成分结构不仅体质差、力量弱、身体抵抗力低，容易贫血，而且对今后成年期某些代谢性疾病的发生也会埋下隐患。

所以，绝对不能用一餐单纯的米粉替代一餐奶，我们需要注意辅食添加逐渐达到食物种类多样化，搭配合理。

51 肉类摄入过少会发生什么情况？

肉类给我们提供的主要是优质蛋白质。细胞结构中，除水分外，蛋白质占细胞内物质的80%，所以蛋白质是构成身体组织器官的重要成分。生长发育过程在一定程度上就是蛋白质的积累过程，故蛋白质对生长发育中的儿童尤为重要。身体中的细胞始终在不断更新，经历着细胞的死亡脱落和更新，自身蛋白质在不断地被合成和分解。脂肪和糖类摄入过多时身体可以储存，比如以脂肪和肝糖原的形式，必要时随时调用，而我们的身体不能储存蛋白质，多余蛋白质会被分解。如果我们摄入的蛋白质不足，而身体运转需要蛋白质又怎么办呢？会开始调动身体自身蛋白质(有没有“吃”自己的感觉呢）。身体蛋白质被调用时有一定顺序：血液和肝脏中的小蛋白质先被调用，其次是肌肉和其他器官蛋白质。因此，蛋白质摄入不足的个体不仅仅是瘦小，因为身体结构蛋白质被调用，器官功能会降低，抵抗力会明显降低。所以，给宝宝的辅食中一定不要“吝啬”加肉类食物。

52 宝宝吃了肉不消化或发烧还可以再吃吗？

宝宝生长过程中生病是难免的。不要轻易把疾病归咎于吃了肉，多数情况下，妈妈们说宝宝吃了肉不消化或宝宝吃了肉要发烧都是巧合，即使是因为宝宝这次吃了肉而生病，也不是以后都不吃肉的理由。宝宝添加辅食后需要摄入肉类来提供优质蛋白质，我们正常的肠道可以消化、吸收这类食物，而且要想宝宝生长发育良好，肉类是必需的食物之一，除非有什么特殊疾病确实不能消化肉类，而这是非常罕见的。如果宝宝真的吃了肉容易生病，也需要在健康状况好的情况

下少量逐渐尝试，因为宝宝不吃肉的话不仅会营养不良，而且抵抗力会下降，更容易生病，影响生长发育，并为成年期疾病埋下隐患。

53 宝宝发烧的时候可以吃肉、吃蛋吗？

有的妈妈常常会在宝宝生病比如发烧的时候就停止给宝宝提供肉、蛋类食物了，本来宝宝生病时身体消耗就大，吃东西就少，即使宝宝能吃点东西，也是营养不均衡、缺乏优质蛋白质的食物，这岂不是雪上加霜吗？

如果没有特别的疾病限制，只要宝宝愿意吃，仍然要跟没有生病时一样的“待遇”，提供营养均衡、种类多样的食物，只是生病的宝宝往往并不太想吃东西，所以食物量由宝宝决定。宝宝腹泻的时候一般是要让宝宝吃容易消化的食物，注意清淡、少肉。

可以用一个蛋黄或全蛋代替一餐奶吗？

妈妈们也许会问，蛋白质那么不得了，单纯米粉含蛋白质量低，不能代替一餐奶，那蛋类蛋白质含量很高，可

以用蛋类替代一餐奶吧！也不行！蛋白质比例太高、糖类供能比例太低的食物营养搭配也不合理。对婴儿来说，理想食物中三种宏量营养素蛋白质、脂肪、糖类供能分别占10%～15%、35%～50%、40%～50%，随着年龄变化，这个比例会有些变化，糖类供能比会增加，脂肪供能比会减少。

只有摄入的糖类和脂肪足以满足身体能量需要时，增加摄入的蛋白质才能用来合成自身蛋白质，否则只能用来供给能量，严重能量不足时机体还不得不分解组织蛋白质来获取能量。因而，膳食搭配上需要有主食（粮谷类）、副食（蔬菜、肉类）。婴儿添加辅食的过程尤其需要遵循这个原则，在这其中，考虑到婴儿适应新事物的原因，需要逐步添加不同食物。

因此，每一餐辅食的目标是食物种类多样化、搭配合理，营养均衡。

55 什么是优质蛋白质食物？

蛋白质是人体必需的营养物质，是生命的基础，所以我们必须注重高蛋白质食物的摄入，尤其是处于快速生长发育期的儿童。

蛋白质氨基酸组成与人体必需氨基酸需要量模式越接近的食物，其蛋白质利用率就越高，动物性食物如蛋、奶、肉、鱼及大豆的蛋白质氨基酸组成与人体必需氨基酸模式比较接近，被称为优质蛋白质。因此，宝宝饮食中不能缺乏奶、蛋、肉、鱼类以及豆类食物。

56 蛋白质互补是什么意思？

如果经常食用优质蛋白质食物，必需氨基酸摄入是不成问题的，但是如果没有机会摄入优质蛋白质时，可以选择多种非优质蛋白质食物如植物类食物，这样，一种食物中所缺少的氨基酸可以在另一种食物中得到补充。多种食物氨基酸一起食用提供互补蛋白质，称为蛋白质互补，蛋白质互补可以提高膳食蛋白质的生物利用度。这在素食时特别重要。

57 三大营养素可以互相转化，为什么还强调营养均衡？

三大营养素（蛋白质、脂肪、糖类）之间确实可以在一定程度上互相转换，但是互相转换也是有条件的。

从化学成分构成上看，构成脂肪和糖类的元素是一样的，只是这些元素之间排列组合不同。构成蛋白质的基本元素比脂肪和糖类多了一种“氮”元素，所以蛋白质可以转化成糖类和脂肪。糖类与脂肪之间也可以互相转化（也是有条件的，比如脂肪转化为葡萄糖需要有糖类参与），但是糖类与脂肪都不能转化成蛋白质，因为它们都没有构成蛋白质的氮元素。“巧妇难做无米之炊”啊，饮食中的蛋白质是不可或缺的营养素。

因此，我们强调每餐饮食尽量做到营养均衡。

为什么有人说摄入糖类可以“节约”蛋白质呢？

多余的葡萄糖（糖类）会转化成脂肪和糖原被人体储存，但是当糖类供应不足，身体缺乏葡萄糖时，脂肪却不能转化为葡萄糖来供应大脑的需求（脂肪转化为葡萄糖需要有糖类参与）。为了满足大脑对葡萄糖的需求，身体会分解自身蛋白质用于合成葡萄糖，但是这样虽然暂时满足了大脑对葡萄糖的需要，却导致身体重要蛋白质缺乏，比如免疫球蛋白，因此营养不良的孩子抵抗力会降低。如果我们同时

有充足的葡萄糖供应，就会避免身体动用蛋白质作为能源，这个作用称为糖类的节约蛋白质作用。宝宝的辅食制作时，需要注意糖类食物与蛋白质食物同时摄入才有利于食物蛋白质转换为身体自身蛋白质，这样才更有利于儿童生长。

所以，吃大餐时很多家长让孩子少吃饭或不吃饭多吃菜是不正确的，每餐食物都要做到营养均衡。

59 摄入适量糖类还可以帮助减肥？

很多人在减肥的时候都想避免吃米饭、面条等糖类含量高的食物，以为不吃这类食物身体需要能量时就只能分解脂

肪，这样就可以减肥了。殊不知，身体缺乏葡萄糖时，脂肪正常的分解会受到影响。脂肪酸分解所产生的“乙酰基”需要与糖类产生的草酰乙酸结合才能进入三羧酸循环（人体重要的代谢途径），然后被彻底氧化，产生能量，从而消耗脂肪并起到减肥的作用。若糖类不足，则草酰乙酸生成不足，脂肪酸不能被彻底氧化，会产生大量酮体，从而引起酮血症，酮血症可以破坏机体的酸碱平衡，酸碱失衡可能是很多疾病的诱发因素。

因此，摄入一定的糖类可帮助脂肪分解，预防体内酮体生成过多，即起到抗生酮作用，维持身体酸碱平衡。因而，减肥要注意少吃，但是仍然要营养均衡，不吃米面不可取。

60 为什么要粗细粮搭配？

人们习惯将大米、白面等称为细粮，而将玉米面、小米、荞麦等称为粗粮或杂粮。从营养学来看，粗粮和细粮各具特色，口感也各有不同。粗粮能提供给人体更多的食物纤维、矿物质、多种维生素，但是细粮口感更好，更容易消化、吸收，另外，细粮的蛋白质含量更高。粗粮、细粮各有特色，我们应避免品种单一，搭配食用最好。

61 都说粗粮好，可否添加辅食时直接用玉米粉代替大米粉？

感谢妈妈们提出的问题，让我有了学习的动力。

表1-2是籼米粉和玉米面所含能量及主要营养素比较，两种食物的能量、蛋白质和糖类含量都差不多，玉米面的脂肪和不溶性纤维含量更高，不溶性纤维有助于防止便秘。表中每百克可食部含营养素及氨基酸含量数据均来自《中国食物成分表》。

表1-2 籼米粉和玉米面所含能量及主要营养素比较（每百克可食部含量）

	编码	能量（千卡）	蛋白质（克）	脂肪（克）	糖类（克）	不溶性纤维（克）
籼米粉（干、细）	01-2-406	346	8.0	0.1	78.3	0.1
玉米面（黄）	01-3-105	352	8.1	3.3	75.2	5.6

表1-3是籼米粉和玉米面必需氨基酸评分与人体氨基酸评分的比较。这个方法是营养学上评价食物蛋白质营养学价值的重要方法。表1-3比较复杂，我们只需要看表中“比值”部分。该比值是经过计算的氨基酸评分，两种食物的氨基酸评分分别与人体氨基酸评分比较，评分越接近人体氨基酸评分，以及接近人体氨基酸评分的氨基酸种类越多，表示此食物蛋白质营养学价值越高。

玉米面的8种必需氨基酸中只有2种评分比人体氨基酸

评分低，分别是赖氨酸和苏氨酸，而籼米粉中8种必需氨基酸评分都比相应人体氨基酸评分低，说明玉米面的蛋白质营养学价值高于籼米粉。

不比不知道，一比吓一跳！经过比较，玉米面与籼米粉有几乎相同的能量和蛋白质含量，但玉米面的蛋白质营养学价值胜于籼米粉。所以，玉米粉可以替代籼米粉，但是玉米粉的口感可能没有籼米粉好。从食物种类多样化角度看，根据宝宝的兴趣，两者最好轮换吃，或者混合吃。

表1–3 籼米粉和玉米面与人体必需氨基酸模式比较

氨基酸	籼米粉（干、细）（编号01–2–406）			玉米面（黄）（编号01–3–105）			人体氨基酸模式	
	含量（每百克可食部含蛋白质8.0克）	含量(每克蛋白质含氨基酸量）	比值	含量（每百克可食部含蛋白质8.1克）	含量(每克蛋白质含氨基酸量）	比值	含量	比值
异亮氨酸	289	36.1	2.6	294	36.3	4.0	40	4
亮氨酸	568	71.0	5.2	935	115.4	12.6	70	7
赖氨酸	264	33.0	2.4	244	30.1	3.3	55	5.5
含硫氨基酸	178	22.3	1.6	357	44.1	4.8	35	3.5
芳香族氨基酸	617	77.1	5.6	663	81.9	9.0	60	6

续表

氨基酸	籼米粉（干、细）（编号 01-2-406）			玉米面（黄）（编号 01-3-105）			人体氨基酸模式	
	含量（每百克可食部含蛋白质8.0克）	含量(每克蛋白质含氨基酸量)	比值	含量（每百克可食部含蛋白质8.1克）	含量(每克蛋白质含氨基酸量)	比值	含量	比值
苏氨酸	248	31.0	2.3	245	30.2	3.3	40	6
缬氨酸	442	55.3	4.0	408	50.4	5.5	50	5
色氨酸	110	13.8	1.0	74	9.1	1.0	10	1.0
合计		339.5			397.5		360	

62 辅食的营养不如奶类吗？

经常有妈妈担心辅食没有奶好，所以添加辅食时小心翼翼，生怕加多了，会使宝宝奶吃少了。其实道理很简单，如果辅食不如奶，宝宝为什么要添加辅食，为什么不都只喝奶呢？

奶类也好，辅食也罢，都可以提供人体需要的多种营养素。只要我们的消化系统没有问题，终究都会用固体食物代替奶类，这说明固体食物比奶类更好。但是，要让固体食物更优

于奶类，其前提是食物种类多样化，搭配合理，营养均衡，使食物可以提供相应年龄宝宝需要的比例适宜的各种营养素，这样才能让宝宝摄入的食物更有效地成为其身体的一部分。只要宝宝发育成熟，吃奶或者吃辅食，需要看宝宝的兴趣。

63 什么是“新食物恐惧症”？

虽然前面提到，有的宝宝一尝试新食物（如米粉）时会非常喜欢，但是也有宝宝不喜欢，甚至是刚开始添加的任何辅食都不喜欢吃。这个在医学上有个名词叫“新食物恐惧症”。

这是宝宝自我保护的一种表现。其实成人也有这种表现，只是成人多数时候都见怪不怪了，成人有新食物恐惧时也没有人要求我们必须吃。

所以，宝宝在接触新食物时可能会拒绝，不要担心，需要反复尝试。

64 宝宝出现“新食物恐惧症”时怎么办？

新食物恐惧是宝宝自我防御的表现，当宝宝出现新食物恐惧时千万不要着急，更不能逼迫宝宝吃。不要因为辛辛苦苦做出来自以为美味的食物宝宝居然一口都不吃而气急败坏，更不要采取一些极端的措施，比如勉强宝宝吃，那样做可能又“摊上事儿了”！试想，当我们不想吃某样食物时，别人以各种方法“威逼利诱”，其结果只会导致我们更不想吃。这个时候能做的是赶紧把宝宝不想吃的东西撤离宝宝的视线，过几天再重新尝试，还是不行的话，过几天又再尝试，如此反复，有的宝宝尝试几次就接受了，有的宝宝可能需要尝试几十次才能接受。总之，这个时候一定要有耐心，要理解宝宝的新食物恐惧表现。即便宝宝真的不吃，也可以放弃，因为还有其他可以替代的同类食物呢，所以不用紧张。

出现新事物恐惧时千万不能勉强宝宝吃，过一段时间重新尝试，也可以换同类的其他食物尝试。

65 宝宝适应米粉后可以加蔬菜泥

对宝宝来说米粉相当于成人的米饭，有饭当然就要有菜，加菜的顺序一般从素到荤。米粉适应 3 ～ 5 天后可以增加米粉量，或者开始加菜。首先要添加的菜是蔬菜泥。蔬菜泥与米粉是菜和饭的关系，所以要搭配在一起。

66 什么时候可以给宝宝加蛋黄呢?

蔬菜米糊无论如何做也只是素的，接下来需要给宝宝加荤菜。第一种荤菜可以选择蛋黄，可以做成蛋黄蔬菜米糊，蛋黄可以从 1/8 ～ 1/4 个开始添加。对过敏的宝宝只要确定不是对蛋黄过敏，都可以在正常情况下尝试添加蛋黄。若宝宝没有出现皮疹、呕吐、腹泻等症状，可以继续尝试。

加蛋黄的时间可能是 5 个月或 6 个月。

67 宝宝什么时候可以吃肉呢?

待宝宝适应了蛋黄后可以添加肉类。宝宝对蛋黄过敏的话可以先添加肉类。最先添加的肉类可以选择猪肉，然后逐渐尝试鱼肉、鸡肉、牛肉等。（排名不分先后，因猪肉不容

易过敏，故推荐先加猪肉）。

加肉的时间可能是6～7个月，具体根据宝宝的接受程度来定。

68 食用油怎么选择呢?

添加辅食的时候，妈妈们经常会问可以加油吗？加什么油好？食用油作为调料当然可以加，而且也可以提供更多的热量。以下是食用油选择的原则：

★ 本着食物种类多样化的原则，动物油和植物油都需要，“雨露均沾”才能让身体所有组织细胞都满意，什么都不缺。

★ 在动物性来源中多食用饱和度低的动物油脂，如鱼类，仍然是什么都要吃点。

★ 精炼程度低的食物油优于精炼程度高的植物油（如色拉油）。

★ 调和油（多种植物油混合）优于单一种类植物油。

★ 不同烟点食用油有不同用途。所谓烟点，是指油在锅中开始冒烟时的温度。需要高温做菜时就选择烟点高的食用油，做凉拌菜就选用烟点低的食用油。

69 什么叫饱和与不饱和脂肪酸？

我们经常看见脂肪跟“饱和”或“不饱和”这样的字眼连在一起，“饱和”与“不饱和”是什么意思呢？简单地说，“饱和”是指一条脂肪酸链每一个位点都“成亲”了，这条脂肪酸链就是稳定的，叫饱和脂肪酸；如果有1个位点处于“单身”状态，就称单不饱和脂肪酸，有2个或以上位点处于“单身”状态，就是多不饱和脂肪酸，“单身”位点越多的脂肪酸越不稳定，在寻找“配偶”的过程中还可能发生一些“幺蛾子”。饱和脂肪酸结构稳定，不容易氧化，但是过量摄入容易增加心脑血管疾病发病的概率，比如猪油；不饱和的脂肪酸对宝宝的视网膜和大脑发育非常重要，特别是某些多不饱和脂肪酸，这也是多不饱和脂肪酸特别受关注的原因，但是不饱和的脂肪酸容易氧化，产生对身体有害的物质。任何事物都存在正反两面，各种脂肪酸均衡很重要。

中国营养学会提出的各年龄段脂肪推荐摄入量随着年龄

饮食中脂肪酸比例推荐

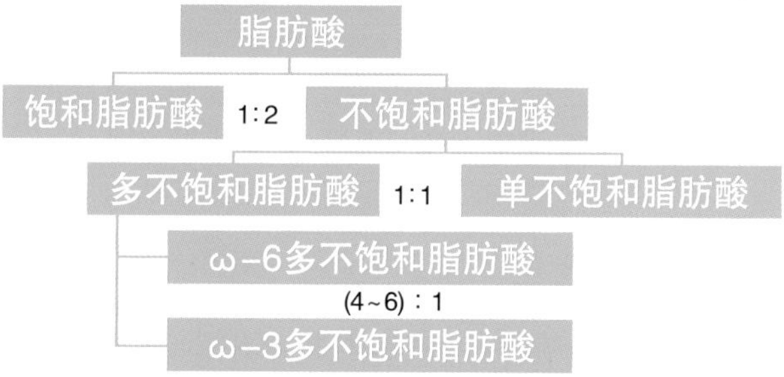

脂肪酸
饱和脂肪酸 1:2 不饱和脂肪酸
多不饱和脂肪酸 1:1 单不饱和脂肪酸
ω-6多不饱和脂肪酸
(4~6)：1
ω-3多不饱和脂肪酸

增加而减少，从新生婴儿的48%到成人20%～30%。对成人的三种脂肪酸推荐比例是饱和脂肪酸：单不饱和脂肪酸：多不饱和脂肪酸为1：1：1，ω-6系列：ω-3系列为4～6：1。

大部分食物和食用油都含有这三种脂肪酸，只是三种脂肪酸在这些食物和食用油中的比例不同而已。

不同食物含有不同营养素成分及比例，所以要强调食物种类多样化。简单地说，我们人体需要各种脂肪，包括猪油、鸡油、鱼油、各种植物油，饱和脂肪酸广泛存在于我们经常吃的猪肉、鸡肉中。经常吃这类肉的人不要忘记吃鱼肉，做菜放油的时候就别再放猪油、鸡油，而应该记得放植物油。

70 反式脂肪酸有害吗？

不饱和脂肪酸的不饱和位点容易受到氧气攻击，油类会腐败、变味。一种防止不饱和脂肪酸氧化的方法是让"氢"结合在不饱和脂肪酸的不饱和位点，使其饱和，这样被氢饱和后的脂肪酸会变硬，容易涂抹，并且更能抵抗氧化反应以及高温破坏，比如某些人造奶油。

但是，这类不饱和脂肪酸被氢饱和后也同时失去了不饱和的性质以及不饱和性质带给人体健康的益处，这类脂肪酸就叫反式脂肪酸。许多研究表明，反式脂肪酸的作用与饱和脂肪酸类似，可能会增加心血管疾病的发生。

71 宝宝从多大开始学习自己吃饭？

大概从宝宝能够坐稳当，可以用手抓食物吃的时候就可以开始学习自己吃饭。这个年龄段是 8 ～ 9 个月时。所以，这个时候宝宝就需要有自己的餐椅、餐桌，餐桌上有个大容量盘。每次吃辅食时宝宝入座，在这个餐桌上宝宝只能吃东西，不能玩跟进食无关的东西。

宝宝开始学习自己吃饭时，大部分由大人喂，应给少量手指食物（条状或块状食物）让宝宝有机会抓，让其体验自己吃东西的乐趣。此期间不要怕宝宝会把食物撒得到处都是，只要我们有足够的耐心，给宝宝足够多的机会，宝宝逐渐就会抓得很准确了。这也是一个锻炼宝宝眼、手、口协调的良

好时机。以后逐渐变为大人喂减少、宝宝抓增多，最后就完全由宝宝自己吃了。注意手指食物的性状，从软到硬逐渐让宝宝适应，防止被噎到。

所以，宝宝学习自己吃饭的时间在 8 ~ 9 个月时。

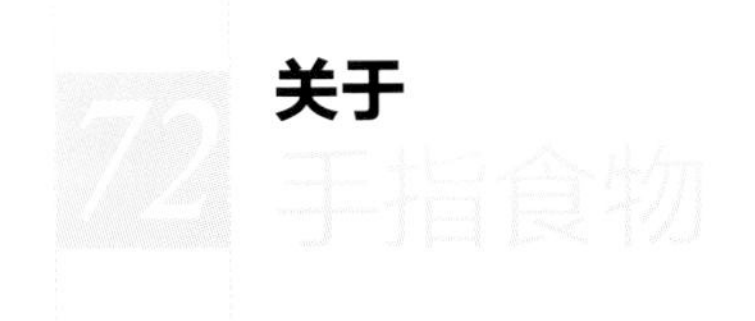

72 关于手指食物

手指食物是指能用手拿着吃的食物，不单单是手指状，可以是各种形状，所以手指食物是有形状的固体食物，不是泥糊状食物。

吃手指食物有以下好处：

❶ 感受和体会自己进食的乐趣：当宝宝能像大人一样靠自己取食物吃的时候会增强自己的自信心，并且会获得一定的成就感。

❷ 锻炼眼、手、口协调能力：刚开始吃手指食物时宝宝可能会抓不准确，即使抓到手了也不能完全喂进嘴里，撒得到处都是，不过，逐渐地我们就会发现洒落的食物越来越少，表明宝宝的眼、手、口协调能力越来越强。

❸ 训练咀嚼能力：宝宝会通过口腔运动处理到嘴的食物，让食物更有利于消化。

当然，同是手指食物根据其性状、质地可分为不同等级，年龄越小手指食物越软，最好一捏就成泥，比如南瓜泥；逐渐增加手指食物韧性，比如红薯泥；稍微用点力才能捏烂的，比如西兰花；直到需要通过咀嚼才能弄烂的食物种类，比如肉丸子。

特别需要提示妈妈们的是：为了防止噎住，宝宝吃手指食物时一定要有大人陪同，少量、逐渐地开始尝试。

73 宝宝的辅食什么时候可以加盐？

虽然这个话题在余妈妈的《华西儿保余妈妈告诉你生长发育那些事儿》一书中已经专门谈到，但是在这本书中也不得不提到，因为这是辅食添加后必然会涉及的问题。

众所周知，过量的盐摄入与高血压、心血管疾病之间有一定的因果关系。在决定是否给宝宝加盐的时候爸爸妈妈都非常小心，甚至有些“谈盐色变”，有的宝宝都 2 岁了还仍然“滴盐未进”。

盐的本质是氯化钠（NaCl），说到盐，其实是指“钠盐”。

钠是人体不可缺少的重要元素，身体大部分钠存在于细胞外和骨骼，钠参与人体代谢，维持身体酸碱平衡和渗透压。虽然盐不能多吃，但是盐摄入不足会使我们食欲不振，四肢无力，甚至会产生更严重的影响。

为什么文章的题目是“……加盐”而不是“……吃盐”？事实上，宝宝天天都在“吃盐”，母乳或配方乳都含有丰富的盐（钠盐）。固体食物含钠量比配方奶低，加了辅食后总的摄钠量会降低。如表1-4所示，添加辅食后的钠摄入量远远达不到中国营养学会规定的钠的适宜摄入量。

表1-4 不同年龄段不同食物搭配钠摄入量

年龄	奶量（毫升）	辅食	钠摄入量（毫克/天）	适宜摄入量（毫克/天）
1月	700		154～266	170
6月	900		198～342	170
8月（男，9千克）	700	稻米75克，蛋黄1个16克，猪里脊50克，鲫鱼20克，番茄50克，豌豆尖30克，香蕉20克，油3克	218	350
12月（男，10千克）	600	稻米30克，蛋黄1个16克，猪里脊30克，鲫鱼10克，豌豆尖20克，香蕉20克，菜籽油2克	205	350
24月（男，12.5千克）	400	稻米100克，全蛋1个50克，猪瘦肉40克，猪肥瘦肉10克，猪肝10克，基围虾50克，豌豆尖75克，苹果50克，油5克	324.1	700

所以，当辅食基本上可以替代一餐奶，宝宝对不加盐的食物已经没有兴趣的时候就可以开始加少量盐了，这个年龄大约是1岁时。如果不加盐宝宝也喜欢吃那就不着急加盐，避免把宝宝培养成“重口味”。

74 宝宝的辅食加多少盐合适呢?

这个问题真不好回答，因为加盐量应根据宝宝的口味和食物量决定。即使成年人的饭菜也不会用电子秤来确定我们的食盐量，只是尝尝饭菜的味道，有点盐味即可。中国营养学会建议成人的钠摄入量不超过 6 克 / 天，13 ～ 24 个月宝宝的钠摄入量不超过 1.5 克 / 天。没有盐味不好吃，太咸对身体不好。在放盐时，尽量把口味偏淡，防止把宝宝从小就培养成“重口味”。

妈妈们可以用电子秤秤出 1.5 克盐，对于 13 ～ 24 个月的宝宝而言，每天辅食中加的盐量需低于 1.5 克。

75 宝宝什么时候可以吃糖呢？

几乎所有人都喜欢甜味，宝宝更是天生就喜欢，对宝宝来说，似乎越甜越好。所以，经常有妈妈会问宝宝什么时候可以吃糖？

宝宝的奶制品中都含有糖类，所以从某种意义上讲，宝宝一直都在吃糖，也就是糖类。妈妈们问的“糖”应该是指专门用来增加甜味的糖制剂，比如红糖、砂糖、蜂蜜等。这些糖的实质是糖类，跟食物中的碳水化合物一样，都会被分解成最小的单糖分子被吸收利用，所以额外摄入糖制剂会增加热量摄入，但是我们吃糖的目的基本上是想让糖制剂增加甜味，毕竟多数人都喜欢甜味，但是糖制剂最大的缺点是会增加患龋风险，糖被认为是诱发龋齿的主要因素。细菌接触糖后 20 分钟会产生酸，牙齿就会被酸腐蚀，所以牙齿接触糖和酸的时间越长越容易被腐蚀而发生龋齿。因此，进食（包括喝奶、喝饮料）后应尽快喝白开水清洗口腔，以减少龋齿发生。

所以，宝宝食物中可以加少量糖制剂调节味道，除此之外尽量不要单独吃糖。7 ～ 24 个月膳食金字塔中并不建议给孩子专门吃糖。

76 如何看懂膳食金字塔？

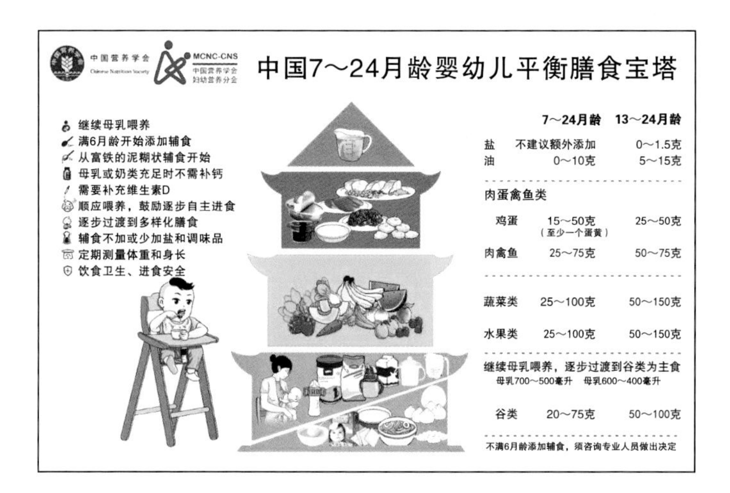

膳食金字塔是一个像金字塔形状的，形象体现膳食内容、结构和比例的黄金三角，中国营养学会有不同人群的食物金字塔。

以中国 7 ～ 24 月龄婴幼儿平衡膳食宝塔为例，余妈妈教你如何看懂膳食金字塔。

（1）食物分为五大类：谷类、奶类、蔬菜水果类、肉蛋禽鱼类和盐油类。

（2）4 ～ 6 个月开始添加辅食，鼓励继续母乳喂养，即使没有母乳也要继续喝奶。

（3）辅食和奶类随着年龄增长此“长”彼“消”，营养均衡的辅食（而不仅仅是谷类）逐渐替代奶。

（4）辅食从含强化铁的米粉开始添加。

（5）多吃蔬菜、水果，7 ～ 24 个月，蔬菜和水果分别可达到 25 ～ 150 克。

（6）逐渐添加蛋类，逐渐达到每天一个蛋黄直至一个全蛋。

（7）7 ～ 24 个月，各种肉类逐渐达到 25 ～ 75 克。

（8）12 个月内一般不建议额外加盐，13 ～ 24 个月盐量不超过 1.5 克 / 天。

（9）加辅食后可以加油，7 ～ 12 个月不超过 10 克，13 ～ 24 个月可逐渐达到 5 ～ 15 克。

（10）宝宝能够坐稳后需要有固定餐位，开始学习自主进食。

（11）定期进行儿保，监测宝宝的生长趋势。

77 辅食与奶如何此“长”彼“消”？

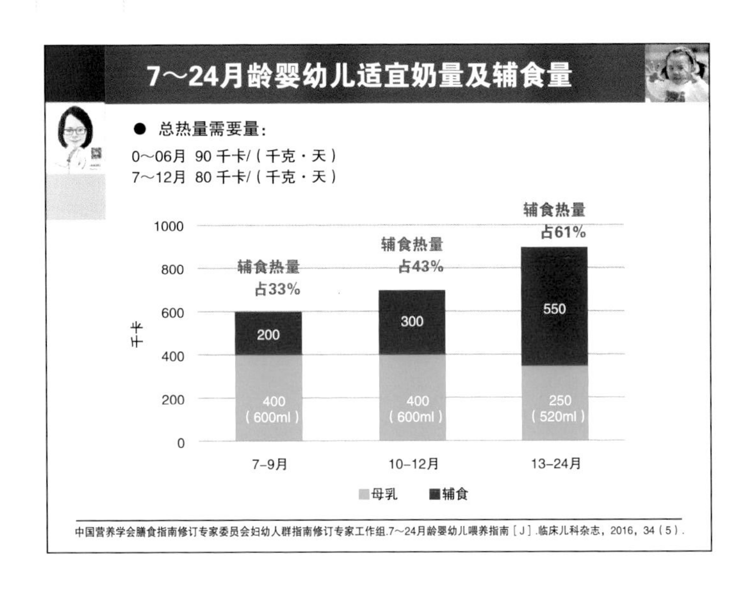

上图显示不同月龄宝宝的奶量与辅食量所提供热量比例，其中的母乳也可能是配方乳，随着年龄增加，辅食所提供的热量逐渐占优势。

虽然图中分别标出 7 ～ 9 个月、10 ～ 12 个月、13 ～ 24 个月不同年龄段辅食和奶所占比例，但是在辅食转换过程中也不是绝对按照这个比例分配，而应根据宝宝对奶或辅食的兴趣逐渐转变。

更多时候我们需要参照下图了解辅食与奶是如何此“长”彼“消”的。

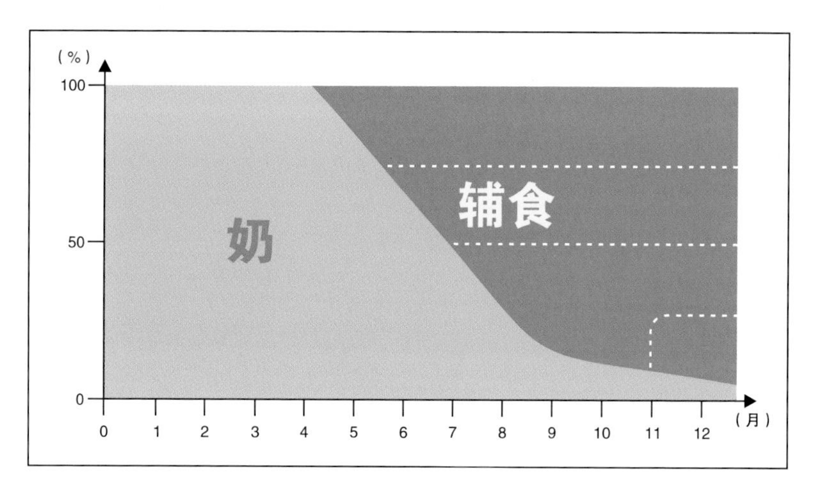

根据宝宝的胃肠道消化能力和对辅食的兴趣，逐渐增加辅食，辅食逐渐增多，奶量自然减少，这样辅食与奶此“长”彼“消”，逐渐让宝宝的饮食从液体奶过渡到家庭膳食模式。

78 为什么要强调食物种类多样化?

膳食金字塔把食物分为五大类：谷类、奶类、蔬菜水果类、肉蛋禽鱼类和盐油类，但是即便是同一类食物所含的营养素也是千差万别的，我们不要期待某一种食物是最好的，如果有，那就是母乳，但是，其前提也是妈妈的饮食保持食物种类多样化。每一种天然食物都在某一方面对人类的健康有益，要想通过食物对身体有益，那就必然需要选择食物时追求食物种类多样化，这样才能互相补充，让食物中的营养素满足人体需要。

早产儿什么时间添加辅食呢?

早产儿一样需要观察是否有前面提到的辅食添加信息。关于早产儿添加辅食的时间的文献相对比较少，余妈妈查到的最早关于早产儿辅食添加的指南是英国于 1994 年提出的，建议早产儿体重达到 5 千克可以开始添加辅食，但这个指南没有关于年龄的建议。最近的一篇意大利的关于早产儿添加辅食的建议，提出早产儿最早可以在矫正胎龄 3 个月开始尝试辅食，当然要结合宝宝其他辅食添加的信号。

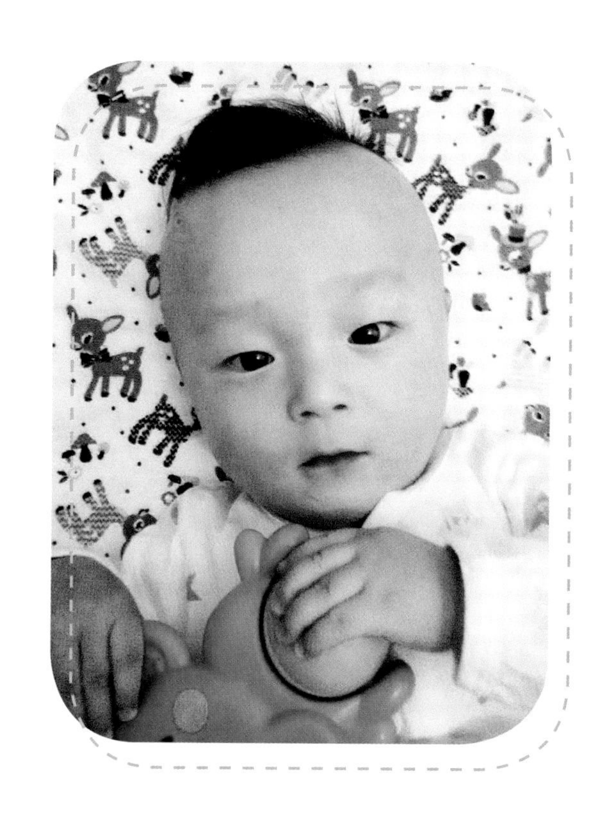

可以矫正胎龄3个月开始尝试，跟足月儿最早4个月可以尝试一样，这是辅食添加的最早时间建议，即不要早于这个时间，不是必须要这个时间添加，也可以矫正胎龄4或5个月时再加。跟足月儿一样，虽然可以在4～6个月开始添加辅食，但多数宝宝添加辅食的时间是5～6个月时，所以，虽然早产儿可以在矫正胎龄3个月时添加辅食，但多数早产儿添加辅食的时间是矫正胎龄4～5个月时。

80 什么叫“婴儿主导换乳”？

近年来有个叫“婴儿主导换乳”的理论认为：宝宝大约6月龄时，父母提供条状、块状食物，由婴儿自己选择进食，与家庭成员同时进餐，吃相同的食物，这种方式被命名为“婴儿主导换乳”。这个理论建议宝宝6个月添加辅食时就开始使用手指食物，但是为了安全起见，国内专家建议宝宝在8个月左右开始吃手指食物。“婴儿主导换乳”最大的风险是宝宝可能被食物噎住，甚至导致窒息。中国营养学会建议从宝宝8个月开始，给其提供适合其年龄段和发育水平的手指食物，不是“简单粗暴”地直接吃大人吃的块状食物，避免被食物噎住而窒息。

81 食物过敏有什么特点？

食物过敏有三个特点：跟免疫相关，是免疫介导性疾病；回避导致过敏的食物后症状会减轻或消失；再次接触同样食物时症状会重新出现即具有可重复性。食物的这三个特点为诊断食物过敏方法——回避－激发试验奠定了基础。

82 回避－激发试验怎么做?

首先观察进食某种食物后是否有过敏反应症状，常见症状是皮肤出现荨麻疹或湿疹，或者慢性腹泻甚至血便，严重者可能出现过敏性休克。没有反应就没有过敏，如果有反应提示可能对这种食物过敏。接下来要做的事情是暂时停止摄入这种食物，如牛奶和牛奶制品，停止 2 周后观察症状有没有减轻，如果停止期间症状没有减轻，说明牛奶不是导致过敏症状的致敏原，如果停止期间症状减轻，提示牛奶可能是致敏原，那就重新少量尝试牛奶，重新尝试后没有反应说明过敏症状不是牛奶导致的，重新尝试后出现同样的症状说明对牛奶过敏。这个其实就是传说中的“回避－激发试验”，

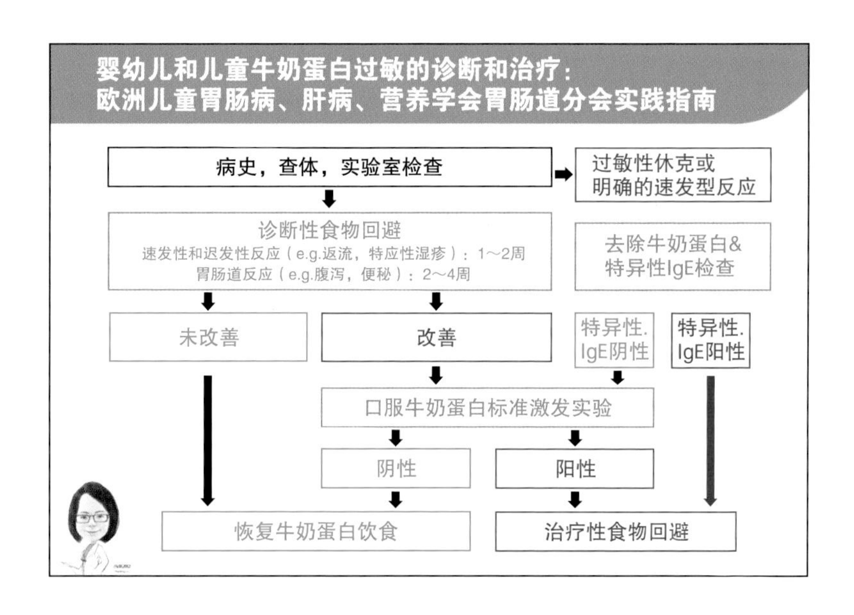

是诊断过敏的金标准。但是如果之前尝试某种食物时出现过严重过敏反应（如过敏性休克），就不主张短时间内重新尝试了，而且必须在医生监测下从少量开始重新激发。

食物过敏有哪些表现？

食物过敏的表现是多系统、多器官的，主要累及的有消化系统、皮肤症状以及呼吸系统，严重过敏反应可能会出现口腔过敏综合征甚至过敏性休克。

消化系统症状：常见的是反复吐奶、慢性腹泻、血便等。如是单纯的血便，注意排除婴儿常见疾病——肛裂。肛裂的血便常常是鲜血，一般量少，血与大便没有混合在一起。当然，血便也可能有其他原因，比如先天消化道畸形。

皮肤症状：反复多部位湿疹。湿疹要注意与热疹鉴别。热疹与受热有关，凉快了自然就好了；湿疹在受热时会加重，凉快了也不会痊愈，湿疹的皮疹更加多样化，皮肤损害常常成片，甚至皮肤可能有渗出、结痂，反复不愈。

呼吸系统：反复咳嗽。呼吸道症状一般不会单独出现，常常伴有皮肤症状，所以单一呼吸道症状不要轻易诊断为食物过敏，除非回避－激发试验显示阳性。

84 什么是牛奶蛋白过敏?

宝宝（或者大人）进食含牛奶蛋白的食物后出现过敏症状，回避该类食物后症状减轻或消失，再次接触出现相同症状，这就提示牛奶蛋白过敏。这跟食物过敏有同样的特点，所以判断牛奶蛋白过敏的最好办法也是进行回避-激发试验。如果有严重过敏表现，激发试验需要在医生监测下完成。

母乳喂养的宝宝也会对牛奶蛋白过敏吗？

食物蛋白可通过母乳传递使宝宝产生过敏反应，所以纯母乳喂养宝宝也可发生牛奶及其他食物蛋白过敏。判断方法同样是进行回避－激发试验，也就是妈妈回避相应食物后观察宝宝的表现。

母乳喂养的宝宝对牛奶蛋白过敏还能吃母乳吗？

母乳喂养宝宝如果出现牛奶蛋白过敏可以继续吃母乳，但是喂奶的妈妈要回避牛奶以及牛奶制品（如牛奶饼干、牛奶巧克力等含有牛奶的食物）。妈妈回避牛奶时更需要注意补钙，并且注意营养均衡，最好定期做营养咨询。

如果吃配方奶的宝宝对牛奶蛋白过敏，又能以什么食物为生呢？

吃配方奶的宝宝如果对牛奶蛋白过敏可以选择过敏配方。

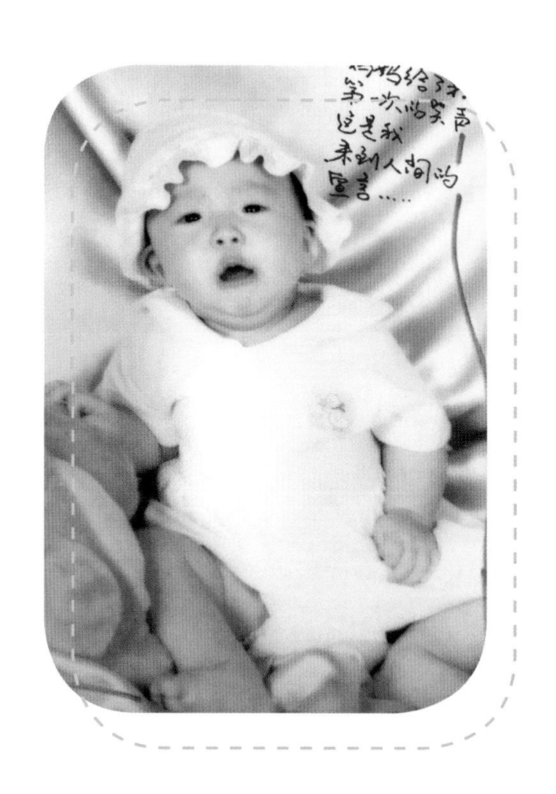

过敏配方根据牛奶蛋白水解程度分为部分水解配方、深度水解配方、氨基酸配方。

部分水解配方：用于有过敏家族史、宝宝有过敏风险、母乳不足或者因为医学原因妈妈不能哺乳时，其是用于各种过敏的配方。但是也有轻度过敏的宝宝吃部分水解配方有效的案例，当然其原因也可能为宝宝不是牛奶蛋白过敏。

深度水解配方：用于已经发生过敏，而过敏症状还不太严重的宝宝。

氨基酸配方：用于出现严重过敏症状的宝宝，或者做回避－激发试验时替代原来的普通配方。

88 牛奶蛋白过敏的宝宝添加辅食需要注意什么呢？

宝宝对哪种食物过敏谁也不知道，只有添加过程中尝试了才清楚，所以为了降低过敏风险，添加辅食时要注意：

1. 一种一种地加，两种新食物之间间隔 5 ～ 7 天。
2. 每加一种新的食物时注意宝宝有没有明显增多的皮肤过敏反应以及出现其他过敏反应。
3. 对本来有湿疹或者过敏体质的宝宝，添加容易过敏的食物时更要警惕，添加起始量应更少，每种食物观察时间更长。
4. 怀疑对某种食物过敏时做回避－激发试验以明确。
5. 不要过度限制新食物的尝试。

以前的指南对食物过敏的宝宝建议推迟添加辅食的时间，后来研究发现，推迟辅食添加时间对预防过敏并没有益处，反而早添加还能起到预防过敏的作用，所以现在国外多个指南建议对食物过敏宝宝仍然在4～6个月开始添加辅食，不要过度限制自以为可能过敏的食物，需要适时尝试，对有严重过敏史或家族史的宝宝可以在添加辅食前做相关过敏检查。

89 宝宝添加辅食前需要常规做过敏原检测吗？

一般不主张添加辅食前常规做过敏原检测，除非宝宝有比较严重的过敏症状或者比较严重的过敏家族史。某种食物如果过敏原检测结果阳性，但是宝宝尝试了没有任何反应仍然可以吃，阴性结果的食物吃了以后如果出现长湿疹或其他过敏表现也不能继续吃。所以，过敏原检查对宝宝辅食添加时判断是否过敏没有太大意义。在加过敏原检测阳性食物时我们需要从更少的量开始，观察时间也更长。

所以，不主张宝宝添加辅食前常规做过敏原检测，除非宝宝本身有严重过敏史或严重过敏家族史。

90 牛奶蛋白过敏的宝宝是否要预防性限制食物种类？

牛奶蛋白过敏的宝宝添加辅食时妈妈们容易显得缩手缩脚，很多食物都不敢添加，甚至想去医院先做食物过敏原检查后才敢放心添加。宝宝对牛奶蛋白过敏不一定对其他食物也过敏，所以，牛奶蛋白过敏的宝宝添加辅食时只是更需要一种一种少量添加。如果怀疑过敏就做回避-激发试验，从而明确是否过敏。不确定是否过敏时不要过于限制食物，否则很容易让宝宝出现营养不良。即使宝宝有过敏，我们也要在不过敏的食物中尽量做到食物种类多样化，均衡营养。余妈妈曾经在门诊遇到过太多过敏的宝宝因为被过度限制食物摄入而导致营养不良的病例。

所以，牛奶蛋白过敏的宝宝不要过度预防性限制新食物添加。

91 什么叫顺应喂养？

顺应喂养即应答式喂养，指父母或带养人对宝宝发出的饥饿信号予以及时回应。顺应喂养方式强调以下几点：①重视宝宝的饥饿信号并及时回应；②允许宝宝决定自己的食量

（尝试新食物需要遵循从少到多的原则）；③给宝宝提供营养合理且喜欢的食物（奶或辅食）。

因此，在喂养过程中我们应避免使用“保证”“必须”让宝宝吃多少食物的语言，避免追喂以及使用各种分散宝宝注意力的行为喂食，让宝宝把注意力集中到“吃”这件事情上。

92 怎么培养宝宝的饮食习惯？

随着生活水平的提高，厌食的孩子越来越多。绝大多数的厌食都没有器质性疾病，而是因为从小没有养成良好的饮食习惯造成的。

从某种意义上来说，每个人的饮食习惯都是“浑成天然”的，每个人都有自己的食量，所以每个人的食量都由自己决定，大人能做的是为宝宝提供营养均衡、性状适宜的食物，创造良好的进餐氛围，添加辅食时逐渐添加，完全适应后辅食的量也由宝宝自己决定。之所以有那么多宝宝有厌食、饮食行为问题，基本上都是因带养人干扰所致，因为带养人常常想按照自己的思维决定宝宝的食量和进餐时间。

从宝宝对外界刺激反应敏感之后，2～3个月开始，吃奶需要在相对安静的独立的环境，让宝宝从小就了解进食这件事是重要的、愉快的，并且是享受的。在宝宝可以坐稳之后，8个月左右，就需要有固定的餐位吃辅食。可以准备一个宝宝专用的餐桌、餐椅，吃饭的时候给宝宝一个小碗和小勺让他（她）模仿，小碗内放些宝宝可以抓着吃的手指食物（也可以把手指食物放在大餐盘里），大人喂宝宝的同时，可以让他（她）用手抓着吃，或者尝试用小勺，也就是让宝宝主动参与进餐而不是每餐都处于被动状态，跟让宝宝自己抱着奶瓶喝奶是一个道理。吃饭的时候不要做任何分散注意力的事情，比如要玩具、看电视、大人在旁边唱歌跳舞等。一顿饭20～30分钟，不吃就立即把食物收走。餐间可以吃少量水果，

喝白开水，不吃零食。

总之，大人应配合宝宝的食量，做符合宝宝营养需要、宝宝认为可口的食物，同时让宝宝自己动手进餐。进餐时大人一定不要做任何分散宝宝注意力的事情，千万别“想当然”地勉强宝宝吃东西。进食是人的本能，进食过程是愉悦和享受的，不要破坏宝宝对食物的兴趣。

93 厌食是怎么“作”出来的？

我们常常会很随便地给孩子戴个“厌食”的帽子，但实际上宝宝厌食常常是带养人“作”出来的。

作为成人，往往有食欲不佳的时候，我们想得最多的原因是：①天气太热没食欲；②饭菜不合胃口；③好久没有吃火锅了，想换换口味去吃火锅；④单位食堂的菜每天都是一个口味，太难吃了……当然，也有疾病的原因，必要时需要去医院检查。

宝宝食欲不好的时候妈妈们常常都不淡定，以前每天都能喝 900 毫升奶，这两天怎么就只喝 600 或 700 毫升了呢？奶喝得那么少，还一天到晚精神好得不得了！甚至有时候宝宝生病了也不允许宝宝食量减少，总想让医生开点开胃的药，让宝宝生病的时候也能胃口不减！

妈妈们很随便地就说宝宝厌食了，并且为了让宝宝能保证吃多少奶量，会做出很多“匪夷所思”的事情。

❶ 吃“迷糊奶”：妈妈们认为宝宝只有睡着了才吃，而且吃得还多，醒了坚决不吃。请问妈妈，如果你睡着了我们把你的肚子填饱了，你醒过来还会有食欲吗？而且，宝宝睡着了喂“迷糊奶”，那不是吃，是吸吮反射而已，只不过伴随着这个吸吮反射宝宝被动地吃了很多奶。如果我们让宝宝睡觉的时候胃肠道得到充分休息，宝宝才有机会产生饥饿感啊！没有机会产生饥饿感，没有进食的兴趣，那会是人生多么大的遗憾啊！

❷ “强迫吃”：就是逼迫宝宝吃。我接触到最极端的“强迫”吃的方法是，每顿饭有3个人“侍餐”，一个人负责抱着孩子，一个人负责摁住孩子，还有一个人负责喂饭！这位妈妈还抱怨孩子经常恶心！试想一下，如果每餐吃饭就跟受刑一样，宝宝会有食欲吗？会不恶心吗？甚至有妈妈为了让孩子多吃饭，手拿鞭子站在孩子背后威胁。吃饭本来是一个愉悦、一家人交流爱的过程，结果适得其反，这样孩子终究是会厌食的。

fishsh

请一位九岁男孩描述一下吃饭时的状况：
一吃饭我妈就说赶快吃，赶快吃！不吃就不管你了！饿你几天！
我妈还手举黄荆条子站在我背后（威胁）。

❸ 进食的时候分散注意力：因为宝宝不好好吃东西，妈妈会用很多方法分散宝宝的注意力，比如给宝宝耍玩具、看电视等，等宝宝不注意的时候喂饭。一顿饭倒是喂完了，可是对宝宝来说，刚才是在耍玩具、看电视时顺便吃饭。如此，宝宝很容易养成吃饭玩耍的坏习惯。很多妈妈这样说："孩子不耍玩具或不看电视就不吃饭！"请问，始作俑者是谁呢？

❹ 追喂：跟前一条分散注意力"异曲同工"，孩子玩耍到哪里妈妈就追喂到哪里，这个过程不是吃饭而是玩耍。

总之，妈妈们为了让宝宝的食量达到妈妈们心目中的小目标，不惜使用各种招数，上述各种招数都是在破坏宝宝对食物的兴趣，最终让宝宝对吃东西不感兴趣，没有食欲，就真的厌食了。

看到没有？厌食是不是"作"出来的？！

94 宝宝食欲不好的时候怎么办？

❶ 分析原因：宝宝食欲不好的时候要注意观察，分析原因，如果不是疾病因素，可能跟我们成人一样是暂时的，我们等待宝宝食欲恢复就行了，如果是生病了，及时请医生看看。

❷ 顺应喂养：宝宝的食量应该由宝宝决定，作为父母，能做的事情是提供宝宝认为可口（不是父母认为可口）和营

养均衡的食物。

③ 适时让宝宝自己进食： 当宝宝能抱奶瓶的时候让宝宝自己抱着奶瓶喝奶；当宝宝能坐稳抓吃食物时给宝宝固定的餐椅、餐桌，给宝宝机会抓喂食物，不要在意宝宝抓不准或者弄得满地都是，慢慢地，宝宝不仅抓得准，还能学会用勺子、筷子。可能更多的时候是妈妈们很“享受”喂奶、喂饭这个过程，而一旦孩子错过了自己学习进食的关键时期，就会习惯于被“侍餐”，习惯于他人替他（她）做自己本该做的事情，等到哪一天妈妈醒悟的时候，孩子会跳出来反对：“这不是一直都是你们的事情吗？！”

fishsh

问一个营养不良的孩子的妈妈，孩子吃饭的情况：喂饭不？追喂吗？一吃饭就打骂吗？……
妈妈回答说：他确实吃了很多受气饭！

④ 愉快进餐： 进餐时间是亲人、朋友间交流和表达爱的时间，谁在不愉快的时候能吃得下呢？所以，不要在进餐时说不愉快的话题。

⑤ 不要吃零食： 即使吃得不多，餐间只能喝白水，吃少量水果，不要吃任何零食！否则有一点能量支撑，宝宝又错失产生饥饿感的机会。

95 宝宝能吃但是不长肉怎么办？

有很多宝妈问过这个问题：宝宝吃得多，但是不长肉是怎么回事呢？

我们吃东西在于从食物中获得能量和各种人体需要的营养素，主要用于几个方面：基础代谢、活动需要、大小便排泄，以及食物特殊动力作用，对孩子来说，还有一个更重要的用途就是生长。而是否生长良好是判断食物摄入是否合理的一个重要指标。因此，如果没有疾病引起的消化和代谢异常，宝宝生长不良即意味着宝宝摄入不足，妈妈认为的“吃得好”并不表示宝宝是真的吃得好。

所谓宝宝吃得多但不长肉有哪些原因呢？

1 宝宝根本没有吃饱

很多时候宝宝根本没有吃饱，只是妈妈们认为宝宝吃得够多了。哪些情况表明宝宝可能没有吃饱呢？

（1）宝宝每一次都能把宝妈提供的食物吃完，以至于妈妈因为担心宝宝把肚肚撑坏了而没有给宝宝提供足够的食物；或者之前以为宝宝吃多了出现发烧或腹泻，而不敢让宝宝吃太多。

（2）宝宝没有患随时都想吃东西的疾病，但是随时都想吃东西。

竟然有好多营养不良的宝宝是被饿的！所以只要能消化

吸收，只要宝宝愿意吃，又长得不好，就让宝宝吃吧，注意食物量应逐渐增多。

2 食物结构不合理

食物量可能够了，但是食物结构不合理。

（1）肉太少，食物所能提供的热量不足，而且优质蛋白质常常不够。肠道是专门用来消化吸收食物的，除非一些非常少见的疾病导致孩子肠道不能正常消化吸收食物，绝大多数孩子都能正常消化吸收食物，如果实在担心孩子吃了肉不消化，可以从极少量开始尝试。

（2）食物营养不均衡，食物种类限制太多。可能确实是因为食物过敏，或者是可能的食物过敏，限制了太多食物种类，特别限制了肉类、蛋类的摄入。是否食物过敏可以通过回避-激发试验来做出判断，不要轻易诊断为食物过敏而限制宝宝

的饮食。

所以，注意每一餐辅食都要营养均衡，食物种类多样化，只要宝宝能消化吸收，可以逐渐增加食物量，除非孩子已经肥胖了。当然也有很少一部分孩子确实吃了不长，这可能跟体质有关。

96 宝宝便秘怎么办呢？

宝宝的消化系统真是捉摸不透，有的宝宝容易拉肚子，几十天几十天地拉，拉得妈妈“毛焦火辣”，有的宝宝却容易便秘，几天才排一次大便。下面我们说说便秘的原因及其处理办法。

① 是否需要增加奶量

宝宝出生后2个月内跟家里人相互都还不太熟悉，还处于磨合期，妈妈还没有搞清楚宝宝需要吃多少奶，同时又担心宝宝吃太多，把宝宝的胃“撑”到了，其结果造成宝宝生长不良，几天才大便一次。如果宝宝体重增长不好，几天大便一次，常常可能是奶量不足导致的。奶量不足时，宝宝摄入的“精华”肯定不足，当然“糟粕”也就相应减少，大便从哪里来呢？

② 添加蔬菜水果

对已经添加辅食的宝宝来说，可以适当增加纤维素多的

食物，如蔬菜泥、水果泥及粗粮，可以增加大便体积，促进宝宝肠道蠕动，加速排便，缓解便秘。不过，便秘时尽量不要吃苹果，有人对苹果特别敏感，吃了苹果就容易便秘。

3 适当做腹部按摩

宝宝出现便秘时，可顺时针轻柔地给宝宝做腹部按摩。一天按摩 3 次，每次 2 ～ 3 分钟，这样可以促进宝宝产生排便感。

4 培养良好的排便习惯

对小婴儿来说，培养良好的排便习惯并不是需要定时把大小便。排便是一个自然过程，让宝宝不受干扰地完成这个过程是我们最需要做的事情，如果一见宝宝排便就赶紧抱起来把便，实际上是在打扰宝宝。作为大人都有排便被打扰的体验，排便被打扰是不是有意犹未尽而不能“淋漓尽便”呢？未尽兴排出留在肠道的大便会因为水分继续被吸收而变得干硬，从而不容易被排出。

❺ 多喝水

事实上只要肠道吸收功能正常，水分在肠道几乎无条件被吸收，所以想通过多喝水来软化大便基本是不可能的。但是身体缺水的时候会通过各种途径增加水分吸收，包括提高肠道吸收水分的能力，所以缺水的时候大便会变得干结，导致排便困难，出现便秘。多喝水也能在一定程度上缓解便秘。

❻ 适当采用药物治疗

宝宝便秘严重时，可以在医生指导下采用药物辅助治疗，必要时请医生排除引起便秘的器质性疾病。

便秘也可能因为是某种肠道疾病所致，如果上述几点都没有“中招”，最好去医院检查。

97 食物如何变成我们身体的一部分？

进餐准备

大脑会指挥消化系统的相关消化器官一起参与消化和吸收，进食时愉悦、放松的情绪会让各器官系统更完美地参与“工作”。

喂养行为中应强调顺应喂养，愉快进餐，尽早让宝宝自己参与进食。由孩子决定自己的食量，把食物做得符合孩子的心理和营养需要，就餐时不要有任何强迫的语言和行为。

口腔

牙齿和舌头把食物压碎、研磨并且与唾液混合。不能被压碎、研磨的食物将会出现在大便中，比如蔬菜叶、胡萝卜粒，说明这些食物可以做得更细致。

唾液中的酶可以分解淀粉类食物，如大米或馒头以及少量的脂肪，尤其是奶中的脂肪（这对婴儿特别重要）。

每吞咽一次不仅吞入了食物，也会同时吞入空气。

每吞咽一次就会激起食管蠕动波，使食物从食管通过胃的入口（贲门）到达胃里。

所以，食物的形状需要结合牙齿多少和孩子的咀嚼能力，由细到粗，逐渐增加，大便中出现蔬菜叶或胡萝卜小粒是正常的；小婴儿吃奶吃得太快的时候会发出声音，也经常会打嗝把气体排出；小婴儿时期贲门肌肉发育不好的宝宝容易反流溢乳。

胃

进入胃中的食物立即与胃液混合，胃液中的酸将食物中的蛋白质解除螺旋结构，胃液中的酶将食物中的蛋白质链切断，食物在胃里成为了食糜，随着胃的蠕动一部分一部分地进入小肠。

小婴儿的胃的位置呈横位，胃内食物容易反流；吃得太多，穿太紧的松紧裤时胃内的食物也容易反流。

小肠

小肠中含有能分解食糜中的蛋白质、糖类和脂肪的多种酶类，这些酶来自小肠自身分泌，也来自胰液。食糜进入小肠就是进入了一个“加工厂”——化学反应池。蛋白质、糖类和脂肪分别被分解成最小片段（或分子），透过小肠细胞壁被吸收进血液循环和淋巴循环，最后都进入血液。维生素和矿物质也在小肠被吸收。

所以，我们身体需要的不是牛奶、面包、猪肉、牛肉，而是这些食物分解产生的各种营养素，我们只需要提供可以产生这些营养素的食物，并且尽量做到食物种类多样化，营养均衡。当消化系统不成熟，比如4个月内的小婴儿，只能消化液体奶时，就只能提供液体奶（母乳或配方奶）；当消化系统逐渐成熟，可以消化固体食物时，我们就可以提供固体食物了，一般来讲，4～6个月的婴儿可以根据情况尝试添加辅食。

大肠

其余没有在小肠被吸收的物质如纤维素、矿物质和液体进入大肠，也就是结肠，水和矿物质继续被吸收，部分纤维素作为结肠中某些有益细菌的“美食”被分解，并产生一些短链脂肪酸和气体，因此某些纤维素有促进有益细菌生长的作用，所以被称为“益生元”；多数纤维素不被吸收，跟其他不能被吸收的成分一起排到直肠，成为粪便，最后被排出体外。

所以，大便中主要成分是纤维素，摄入含纤维素的食物可以增加大便体积，促进肠蠕动，从而防止便秘；纤维素也可以增加消化道的蠕动来锻炼消化道肌肉的力量。

被吸收入血液的所有营养素最终会被选择性地运送到终极目标即各个细胞，然后被各个细胞尽情地“享用”。这样，吃进去的食物就最终变成了我们身体的一部分。

宝宝的消化道写给新手妈妈的一封信

致我的小主人的妈妈：

您好！

非常荣幸将由我承担您的宝宝消化食物的工作，我知道只要我的结构和功能正常，我会全权负责将宝宝吃进去的食物转变成宝宝需要的各种营养素，然后通过血液、淋巴送到

宝宝需要的组织、细胞，让这些营养素最终成为宝宝的一部分，我也会将没有消化的废物变成大便排出体外。

同时非常抱歉，我跟您的宝宝一样都是“初来乍到”，不过请您放心，我会逐渐适应这份工作，因为这毕竟是我跟着宝宝来到这个世界的全部意义，我会尽全力配合宝宝，也将与宝宝“荣辱与共”。

口腔是消化道的开始部分，口腔的结构决定了宝宝天生就会吃东西，会吸吮。但是，如果奶头不好吸，或者因为宝宝出生时太小，吸吮力太弱，或者口腔有缺陷比如唇腭裂，宝宝可能就不容易吃饱。这个时候请咨询儿保医生或者口腔医生。

宝宝刚出生时胃很小，随着宝宝月龄增加和食量的增加，胃会越来越大，就可以装越来越多的奶，但是如果宝宝的食量一直很小（有时是因为多种原因没有机会吃饱），胃变大的速度就很慢，或者一直都比别人家宝宝的胃小，当然胃口也就很小。

胃相当于一个有入口也有出口的口袋，但是年龄越小入口越松，所以吃到胃里的奶也可能倒流，甚至从嘴里溢出来，这叫“溢奶”；也有可能是因为消化不良、胃的肌肉运动（胃蠕动）不那么协调等原因出现吐奶，吐奶量多少可不一定，吐得多的时候会猝不及防地从鼻腔流出来，并且同时出现咳嗽或者打喷嚏。这个时候不用紧张，让宝宝右侧卧，宝宝会通过咳嗽、喷嚏的方式把误入呼吸道的奶汁排出来。当然，如果排出不顺利，奶汁也可能会被吸入下呼吸道，甚至引起吸入性肺炎。当然，这是比较极端的，实际上宝宝的防御功能可能比我们想象的强大。

虽然口腔和胃都有少量酶初步帮助消化宝宝吃进去的奶，但是负责消化吸收的重要工作是由小肠来完成的。小肠汇集了负责消化食物的胆汁、胰液、肠液，其中含有消化食物的所有的酶，当需要消化的食物进入小肠后，小肠各部分就开始马不停蹄地工作，处理宝宝吃进去的这些食物。简单讲，这些消化作用包括化学消化和机械消化，化学消化就是利用这些酶把食物分解成能吸收的营养小分子，机械消化就是通过肠道蠕动（当然不仅仅是小肠才蠕动）将食物与消化液混合，并且将这些内容物从入口方向（口腔）向出口方向（肛门）有条不紊地推送。所以消化食物的时候可能会听到肚子发出“咕咕”的声音，也可能听到打嗝的声音，那是有气体想排出去，不用紧张。当小肠机械消化工作（也就是肠蠕动）没有那么有序时，就会出现人们说的“肠痉挛”，这个时候宝宝可能会有些痛苦。对于工作不那么熟悉的小肠可能会时不时出现类似的痉挛，但都会自然过去的。

食物从小肠进入大肠之后消化吸收的工作也就完成得差不多了。大肠会吸收一些水分和矿物质；大肠中部分纤维素会被大肠中的细菌分解，产生一些可以被吸收的物质和气体，多数纤维素会与其他不能被吸收的废物一起成为大便排出体外，所以食物中纤维素含量越多，大便体积越大，越有助于排便。大便颜色跟很多因素有关系，比如跟食物成分（不同的奶有不同成分）、肠道蠕动快慢等有关系。当大便出现鲜血、果酱样，大便颜色太浅、太黑等，都需要看医生。如果宝宝精神良好，生长良好，大便绿点、黄点都没那么重要啦。

总之，我们消化道跟您的宝宝一样，从不成熟到成熟，从不适应到适应都有一个过程，我们都会慢慢成长的。

谢谢您耐心阅读我的信，这有助于我们互相理解、互相体谅。

希望宝宝在我们的共同呵护下健康成长！

您的新生宝宝的消化道

异物卡喉时怎么抢救？

有妈妈会问："习惯吃奶的宝宝吃固体食物时，食物卡在喉咙出不了气怎么抢救呢？传说中的海姆立克法怎么做呢？"余妈妈告诉大家出现这样的情况应该怎么办。"余妈妈"公众号可以查到相应视频，搜索"异物卡喉"即会弹出相应的文章、视频。

什么是异物卡喉？

异物卡喉指异物（包括食物）堵塞咽喉部或卡在食管狭窄处甚至误入气管，引起窒息，异物卡喉的实质是气道梗阻。气道梗阻分为完全气道梗阻和不完全气道梗阻。如果是完全气道梗阻，必须尽快取出异物，否则会危及生命；不完全气道梗阻也需要尽快取出异物，只是不像完全气道梗阻那样会危及生命。

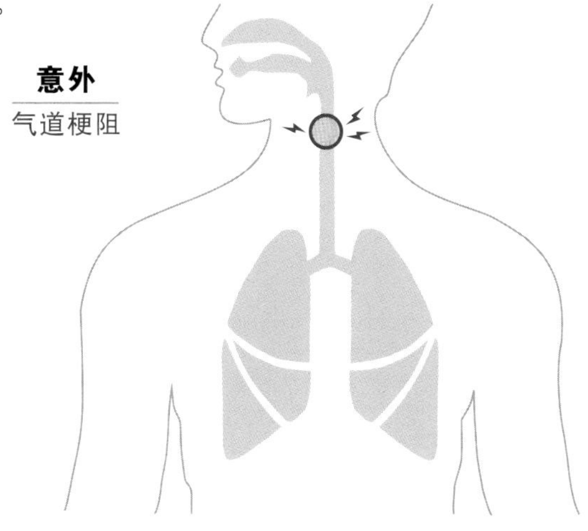

异物卡喉引起气道梗阻有什么表现？

正在吃东西（可能是食物也可能不是）的宝宝突然神色异常，发不出声音，想哭哭不出声，想咳嗽也只能看得到咳嗽动作听不到咳嗽声音，大一点的宝宝可能会用手摸着脖子，表情恐慌、痛苦，这时就判断是异物卡喉引起了完全气道梗阻；如果孩子能咳出声音或者哭出声音，就提示不是完全梗阻。

异物卡喉的急救方法跟年龄有关吗？

不同年龄的宝宝急救方法是不同的。1 岁以内的方法是背部叩击和胸部按压法，1 岁以上就是传说中的“海姆立克急救法”。

急救前准备——拨打 120 请求帮助

我们不能保证急救能百分之百的成功，同时，急救方法可能会对宝宝的内脏造成损伤，急救的同时需要打 120 请求帮助。

背部叩击和胸部按压法——针对 1 岁以内的宝宝

发现宝宝出现气道梗阻后，立即抱起宝宝，迅速看看口腔还有没有食物，有的话立即用手掏出来。施救者将左手手掌张开，固定宝宝的下颌和头部，始终让宝宝保持气道平直，让宝宝俯卧，躯干置于施救者左侧前臂，施救者左腿向前伸出，左前臂放置于左侧大腿上保持宝宝呈头低臀高位，用右手掌根从 30 厘米高度叩击宝宝肩胛骨之间的中点，快速有节奏地叩击 5 次，然后将右手放置在宝宝的枕后继续保持气

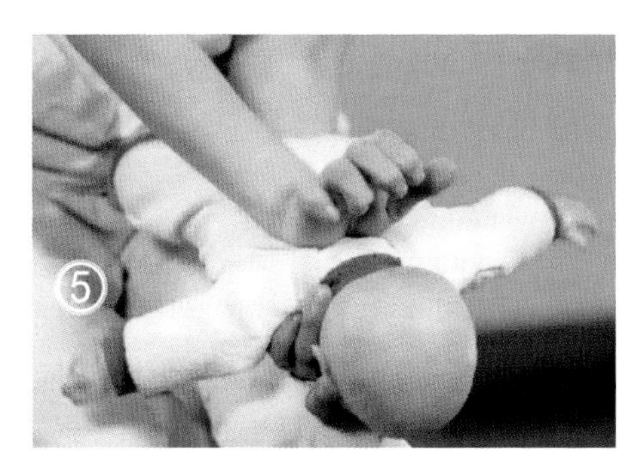

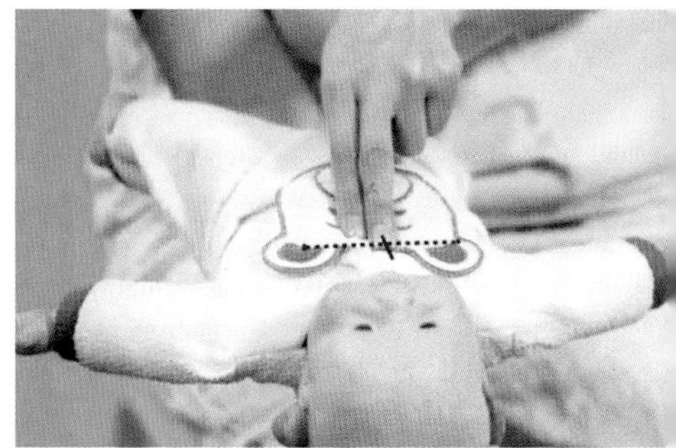

道平直，注意保持头低臀高位，同时小心地将宝宝翻转为仰卧位，躯干置于施救者的右侧前臂，施救者将右腿伸出，右前臂放置于右侧大腿上，用左手食指和中指按压宝宝的乳头连线中点，快速有节奏地按压5次，查看宝宝的口腔中是否有异物，如果没有且宝宝神志清楚，继续重复上述背部叩击和胸部按压法，直到有异物排出来，或急救车到达。若宝宝的意识丧失，需要做心肺复苏。

海姆立克急救法——针对1岁以上的宝宝

这个方法可以简单地形容为“剪刀、石头、布”。“剪刀”代表脐上2指的部位，“石头”代表拳头，“布”代表一手张开，包住另一只手的拳头。具体方法是：施救者站在宝宝背后，一手握拳，拳心向内，放在宝宝脐上2指的部位，另一只手张开，包住拳头，向后、向上用力有节奏地挤压，直到把异物排出来，或者急救车到达。如果宝宝意识丧失，需要立即进行心肺复苏。

虽然这些急救办法似乎简单可行，真的发生的时候还是会让大家都心惊肉跳的，而且谁也不能保证百分之百能成功，所以还是不要发生最好。那么怎么预防呢？

对宝宝来说，选择其能接受的性状和质地，不能强求宝宝吃不能接受的食物；反复告诫孩子不能吃的东西不要吃，不能让小宝宝接触容易导致异物卡喉的东西，比如玻璃弹珠、硬币等。

第二部分

基本辅食制作

做任何食物之前先洗净双手。

1 汁类怎么做？

添加辅食前先让“以奶为生”的宝宝少量尝试除了液体奶之外的其他液体的味道。消化能力强的宝宝也可以直接尝试糊状食物。刚尝试时宝宝可能不接受新的食物（新食物恐惧），或者宝宝用舌头把勺子顶出来（伸舌反射），没有关系，我们需要有耐心，宝宝不接受时就停止，2～3天后重新尝试，如此反复，宝宝总有一天会接受。当然，也有宝宝非常喜欢接受新的口味，这个时候要注意新食物不能一次喂得太多，每次尝试1～2小勺。

蔬菜汁

（1）将新鲜时令蔬菜，如白菜、菠菜、油菜、黄豆芽、萝卜、胡萝卜等，洗净切成段。

（2）锅内放水适量烧开，将蔬菜加入沸水中，文火煮3～5分钟，煮蔬菜汁的时候不要盖锅盖。

（3）取其菜汁少量食用。图中的1勺大约2.5毫升，开始尝试时1勺就可以了。

水果汁

果汁可使用榨汁机、果汁挤压器，也可放在小碗里用勺子压出果汁。将新鲜果汁滤掉果渣，刚开始添加时将果汁用温开水1 ∶ 1稀释即可，以后稀释度逐渐减小，最后可以成为原汁。味道太浓可能会导致宝宝不爱吃奶。可以吃原汁时基本就不要再吃果汁了，而要开始尝试果泥了，今后只要不是疾病原因都不主张吃果汁。把果汁当水喝有很多坏处，比如容易引起龋齿、降低食欲等。最先尝试的水果可以选择苹果。

苹果汁

（1）新鲜苹果1个，洗净切成小块。

（2）用研磨勺把苹果捣成泥状。

（3）使用干净的纱布把苹果泥过滤，也可用过滤网过滤。

（4）加入等量温开水将苹果汁 1 ： 1 稀释。

（5）按 1 ： 1 稀释后的苹果汁味道还是比较浓，可以加大稀释倍数。

葡萄汁

（1）将适量葡萄洗净、去皮、去核。

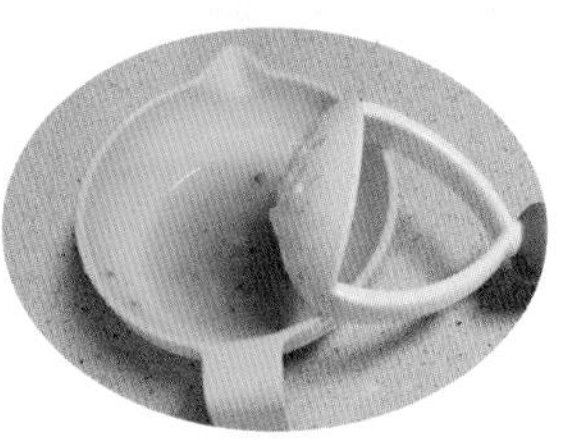

（2）用研磨勺将葡萄捣成泥。

(3)用过滤网过滤，也可以用干净纱布过滤。

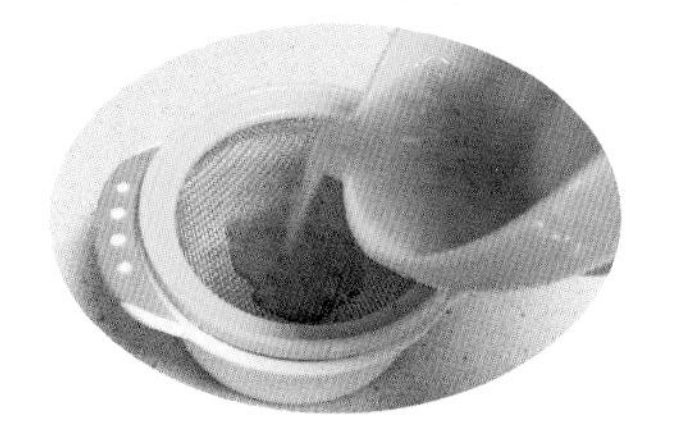

(4) 用等量温开水将过滤后的葡萄汁 1 ∶ 1 稀释。

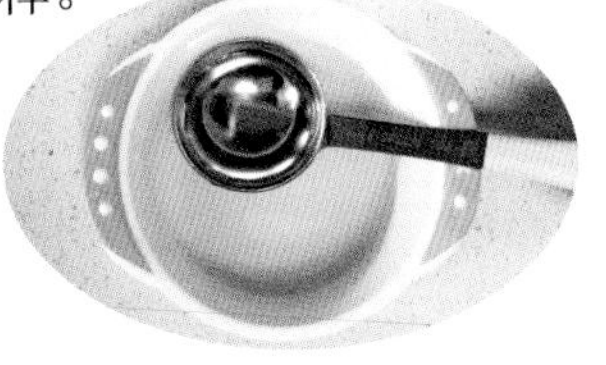

(5)做好的葡萄汁。

米 汤

(1) 锅内盛适量水，放入淘洗干净的小米或大米。

(2) 煮开后再用文火煮 30 分钟成清稀饭，取上层米汤即可。

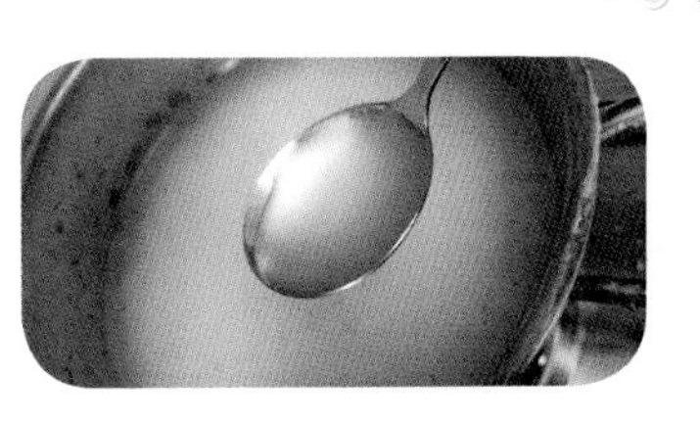

(3) 做好的米汤。

蔬菜米汤

在上述米汤中放蔬菜煮开，就是蔬菜米汤。

（1）在上述稀饭锅里放入洗净的蔬菜，并烧开2分钟。

（2）将适量米汤过滤。

（3）做好的蔬菜米汤。

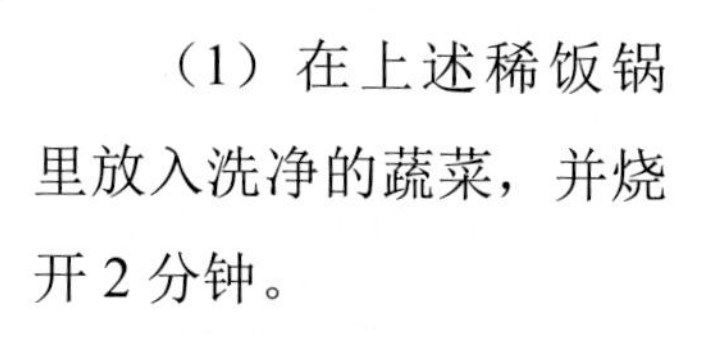

喝米汤的目的是看宝宝的消化系统是否能消化大米类食物，大米类所含营养素以糖类为主。绝对不能用米汤替代奶，因为其营养跟母乳或婴儿配方乳有天壤之别。

2 果泥怎么做？

适应果汁之后1～2周可以开始尝试果泥。

吃液体食物时宝宝只需要面颊和下巴肌肉配合，而吃泥状食物时需要宝宝的发育水平达到更高水平，并具备处理固体食物的能力。吃固体食物时需要宝宝能够用唇裹住食物，然后用舌将食物推向口腔后面，并且吞咽下去。当宝宝还不具备这个能力时泥状食物就喂不进去，这时必须要有耐心，反复尝试。当然，同时还需要注意宝宝有其他添加辅食的信号，比如竖头稳当、对大人的食物有兴趣等。

果泥，顾名思义就是泥状的水果，把果肉取出来做成泥状就是果泥。市场上有成品果汁、果泥销售，余妈妈认为这种通过简单操作可以做的食物还是自己做，简单、快捷又新鲜。

一次只尝试一种新食物才有助于判断宝宝对这种新食物的异常反应。果泥一般在两餐之间尝试，不要在餐前尝试，否则可能影响宝宝吃正餐的食欲，应从 1 ～ 2 小勺开始尝试，逐渐增加。

以香蕉为例的果泥制作步骤：

原料： 新鲜香蕉 1 个，最好是皇帝蕉，因为更细腻。

做法：

（1）香蕉去皮，切成 2 ～ 3 厘米长短的小段。

（2）捣成泥状。

也可以把水果洗净、削皮后用辅食机制作。食物量少时用辅食机费时又费力。

苹果泥

用辅食机制作

（1）将苹果洗净，去皮后切成小块。

（2）将苹果放入辅食机搅拌。

苹果块蒸熟后搅拌成泥非常细腻，只是一般来说水果都不主张蒸煮。

用研磨板制作苹果泥

（1）苹果洗净，去皮后切成两半，留一半备用。

（2）手持苹果在研磨板上研磨。

（3）研磨好的果泥。

生果泥确实不如辅食机制作的熟果泥细腻。第一次尝试的果汁和果泥都可以选择苹果，苹果有收敛作用，不容易腹泻。第一次吃果泥，可以从 1 ～ 2 小勺开始尝试。第一次用量少，用研磨板比用辅食机更方便。选择苹果时，最好选用不那么脆的苹果。

用咬咬乐吃果泥

当宝宝逐渐适应果汁后，也可以把水果放进咬咬乐中让宝宝吸吮。

香蕉泥：香蕉去皮后取少量，切成小块，放入咬咬乐奶嘴里，基本可以吸完。

（1）切成小块的香蕉。

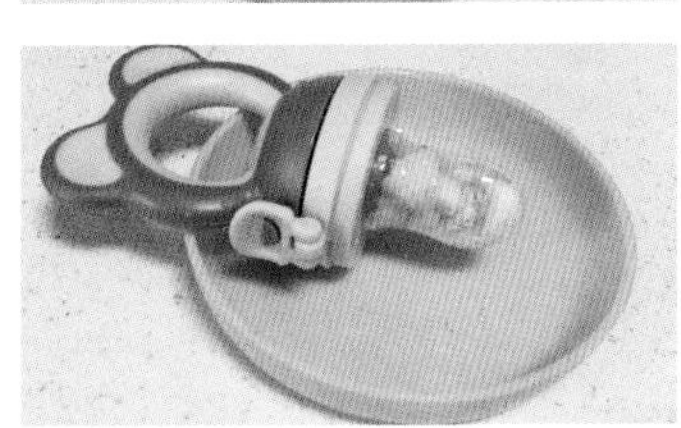

（2）把香蕉放进咬咬乐奶嘴里。

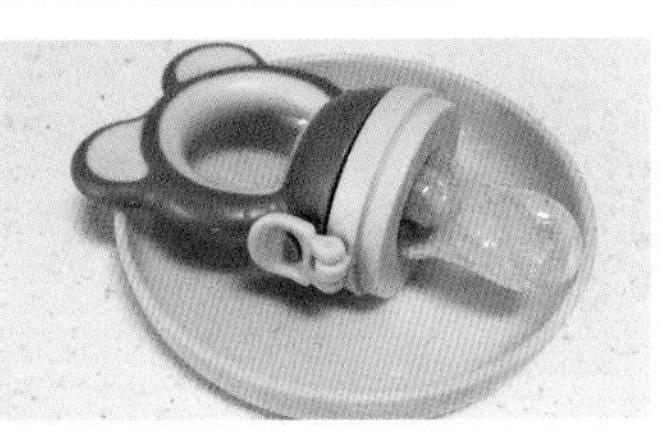

（3）吃了之后的咬咬乐。

葡萄泥：将葡萄洗净，去皮、去核，放入咬咬乐，一次只能放一个，葡萄比香蕉吸得更干净。

（1）把葡萄洗净，去皮去核。

（2）把葡萄放进咬咬乐奶嘴。

（3）吃了过后的咬咬乐。

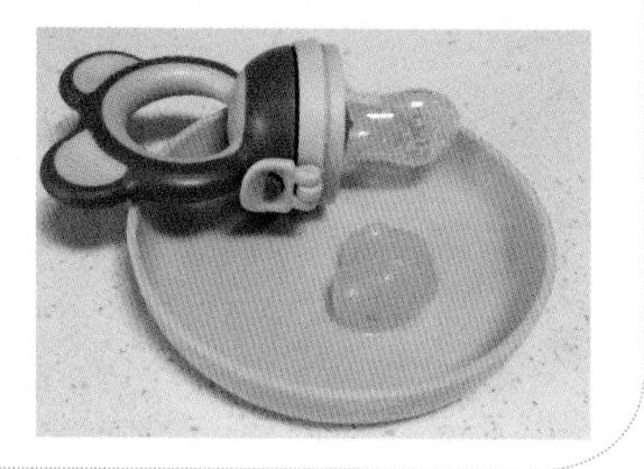

3 米糊怎么调？

从某种意义上讲，作为主食之一，米粉才是宝宝正式添加的固体食物。米粉相当于成人的米饭。宝宝在奶前尝试米粉，从少到多，吃了少量米粉后立即喂奶，奶量由宝宝自己决定。单独的米粉是不可以替代一餐奶的。

纯米糊及奶米糊的制作

原料：米粉 1 勺，温开水适量。米粉选择强化铁纯米粉。

做法：

（1）盛入沸水约 100 毫升。

（2）等水温稍有下降就加入 1 勺米粉（1 勺米粉大约 6 克），用筷子顺时针方向搅拌成糊状即可。

（3）加入米粉后再加入1茶匙奶粉，用筷子顺时针方向搅拌成糊状就是奶米糊。开始加米粉时我更主张做成奶米粉，一方面让新加的食物在口味上有过渡，另一方面让每次的食物都尽量营养均衡。

4 蔬菜米糊怎么做?

米粉相当于米饭，跟我们每一位成人一样，有饭就需要有菜伴随。米粉适应5天左右就可以开始加菜了。第一个添加的菜是素的，菜跟饭一起，可以做成各种蔬菜米粉。

蔬菜米糊

原料：米粉1勺、清水适量、青菜适量。图中的青菜是青笋叶。

做法：

（1）锅里放适量清水，煮开。

（2）将青菜叶洗净，切成段。

（3）将切好的青菜放入沸水中。

（4）待青菜煮烂，捞起压成泥状，用筷子去掉纤维部分。

（5）将青菜泥放入调好的米糊中，当然也可以放入奶米糊中，搅拌混匀即可。

其中青菜可以用其他任何时令蔬菜替代，比如胡萝卜、菠菜等，煮烂压成泥状后记得去掉纤维部分。蔬菜米糊也不能替代一餐奶。吃了青菜叶子后大便中可能看得到少量残留菜叶，都是正常的。

每隔 3 ～ 5 天可以给宝宝增加食物量，也可以增加新的食物种类。蔬菜米糊在奶前吃，从少到多，吃了蔬菜米糊后立即喂奶，奶量由宝宝自己决定。

5 蛋黄蔬菜米糊怎么做?

待宝宝适应了蔬菜米糊就开始加蛋黄“开荤”了，蛋黄是添加的第一个“荤菜”。如果对蛋黄过敏，就跳过蛋黄加肉泥。

原料：婴儿米粉 3 勺、蛋黄 1 个、时令蔬菜适量。

做法：

（1）鸡蛋洗净，煮熟后放冷水里浸泡一下，剥开留下蛋黄，1 个煮好的蛋黄净重约 16 克。

（2）用温开水或蔬菜汁将婴儿米粉调好，按照一定比例加入蛋黄（第一次大约加 1/4 个蛋黄，约 4 克）和蔬菜泥，用勺压碎后调匀即可。

米粉蛋黄蔬菜糊应从少到多，吃了后立即喂奶，奶量由宝宝自己决定。

加了蛋黄后，或者对蛋黄过敏的宝宝可以在吃了蔬菜米糊之后加肉泥，也就是加了荤菜之后的辅食才真正是有饭有菜，有荤有素。

6 肉泥蔬菜米糊怎么做？

宝宝的辅食里只有蛋黄是不够的，需要逐渐增加肉类。因为猪肉不容易过敏，可以是第一种加进辅食的肉类。

肉泥蔬菜米糊：以猪肉为例，其中猪肉和蔬菜都可以用其他肉类或蔬菜替代，或者多样化。

原料：猪里脊肉、青菜、米粉。

做法：

（1）将猪里脊肉洗净，用带齿勺子刮下来（我第一次刮了 4 克猪肉）。

（2）将刮下来的猪肉蒸熟，大约蒸 8 分钟。

（3）蒸熟后的肉有点成块，不细腻，再用菜刀剁碎，然后捣成泥状。

（4）拌入调好的上述蔬菜蛋黄米糊中，搅拌均匀。

（5）我尝了一下，没有什么味道，于是加了 1 茶匙奶粉，味道好一些。

以上是婴儿时期的辅食基本款制作方法，其中的蔬菜、肉类都可以随机组合。8 个月之后宝宝辅食就可以开始用奶锅熬煮了，或者用辅食机制作。

7 胡萝卜青笋土豆肉泥怎么做？

要把辅食做成泥状最方便的是使用辅食机。余妈妈也买了款辅食机，可以先蒸熟，再搅拌，出来就成泥状了。

胡萝卜青笋土豆肉泥

原料：胡萝卜、土豆、猪里脊肉、青笋尖。

做法：

（1）将胡萝卜、土豆、青笋洗净去皮，猪里脊肉洗净，均切成小丁。

（2）以上原料全部倒入辅食机。

（3）蒸制 20 分钟，再搅拌数分钟即成。辅食机制作的食物成色没有用锅熬煮的新鲜自然。

这道胡萝卜青笋土豆肉泥跟米糊调在一起，分别是菜和饭。

8 青笋红薯鸡肉泥怎么做？

除了猪肉，宝宝也可以尝试鸡肉。

鸡肉青笋红薯泥

原料：青笋、红薯、鸡腿。

做法：

（1）将青笋、红薯洗净后去皮，切成小丁。

（2）将鸡腿去皮、骨和筋膜，切成小块。

（3）将以上准备好的原料放入辅食机。

（4）蒸制 25 分钟，会自然有水蒸煮出来。

（5）搅拌不同时间成不同泥状的辅食。下图中左右分别是搅拌30秒和1分钟的青笋红薯鸡肉泥，搅拌时间短的能吃出肉渣感觉，搅拌时间长的基本没有肉渣感。随着宝宝年龄增大，辅食机搅拌时间可以根据宝宝的接受情况逐渐缩短。

（6）宝宝如果喜欢还可以加入适量奶粉，搅拌均匀即可。当然宝宝是否喜欢需要让宝宝尝了味道才知道。

青笋红薯鸡肉泥也是菜，跟米粉调在一起吃。

9 胡萝卜土豆猪肉粥怎么做？

宝宝适应了多种糊状食物后，从 8 个月就可以开始尝试吃粥啦。

胡萝卜土豆猪肉粥

原料：胡萝卜、土豆、猪里脊肉、青笋尖、鸡蛋、大米。

做法：

（1）将胡萝卜、土豆洗净去皮，切成小丁；胡萝卜中心部分弃掉。

（2）取30克大米，洗净后放入锅中，把切好的土豆丁、胡萝卜丁同时倒入锅中，大火烧开后转小火慢煨。

（3）取猪里脊肉12克，洗净后切成小块，再剁成泥状，倒入打匀的鸡蛋约四分之一个，将两者混合打匀备用。

（4）将青笋尖洗净、切碎，备用。

（5）胡萝卜土豆粥煮好后，倒入肉泥和切碎的青笋尖，搅匀即可起锅。当宝宝一餐辅食可以替代一餐奶时理论上可以放入少量食盐，最好在宝宝 1 岁以后加盐。

吃了胡萝卜和青菜的宝宝大便中可能会有少量蔬菜叶或胡萝卜残留物，不用紧张。

能够吃粥了就可以不用辅食机了。

第三部分

不同年龄段的宝宝的饮食时间安排

宝宝辅食添加时间是4～6个月，具体应结合宝宝的发育情况、生长情况以及对奶或辅食的兴趣来安排。在宝宝发育正常的情况下，如能抬头，若母乳不足，宝宝生长不良，而又坚决不吃奶瓶，可以4～5个月时加辅食；如果宝宝生长良好，可以6个月开始添加辅食。

5～6个月的宝宝可能每天吃6次奶，也可能吃5次奶，还有可能吃4次奶。一般来说，每次奶量越多，间隔时间越长，只要生长发育正常都可以。当然，也有每次奶量不多，间隔时间长的，这个时候就要小心了。可能是暂时的，也可能是疾病所致，妈妈不能把握的话就需要带宝宝看医生。这个时候特别需要注意的是不要养成类似吃“迷糊奶”或者勉强宝宝吃的坏习惯。

固体食物的添加是宝宝人生中饮食史上的里程碑，这是从液体食物向固体食物转换的第一步，心中要有几个小目标：①辅食会逐渐代替部分液体奶成为宝宝的主食；②即将成为主食的辅食必须逐渐达到食物种类多样化，搭配合理，营养均衡，这样身体才可能什么都不缺；③不仅辅食的食物种类、性状会逐渐接近成人，添加辅食的时间也需要与成人就餐时间接轨，所以固体食物的添加一般是安排在早、中、晚吃奶前的三个进餐时间；④辅食与奶将是一个此“长”彼“消”的关系，宝宝的三餐奶最终会被辅食替代。

按每次约150毫升、每天6次奶的安排举例如下（时间安排需要结合宝宝的饮食规律来灵活安排，以下时间只供参考）：

1 5～6个月

宝宝5～6个月加辅食是尝试阶段，特别要注意从少到多、从稀到稠、从一种到多种的原则。第一次加辅食一般从中午那餐奶之前加。这个时候辅食种类比较单一，辅食量也不足，肯定不能替代奶，辅食用奶调，吃了辅食后立即喝奶，

¤ 凌晨（5～6点）：奶

¤ 起床后（大约9点）：奶

¤ 午餐（11～12点）：米粉+蔬菜泥+蛋黄（从一种到多种，从少到多，不足部分用奶补充）

¤ 下午（大约15点）：奶

¤ 晚餐（17～18点）：奶

¤ 睡前（大约21点）：奶

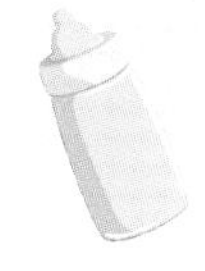

奶量由宝宝决定。宝宝刚开始加辅食，奶量可能不会减少，随着辅食的增多，奶量势必会减少，不用担心。

这个年龄段有的宝宝可能会吃1次夜奶，在夜间12点左右，是否吃夜奶由宝宝决定，宝宝需要就喂。尤其需要注意

的是，母乳喂养的宝宝这个时期容易把妈妈的奶头当成安抚奶嘴，所以，特别需要提醒的是，母乳喂养的宝宝每次吃完后就把奶头取出来，不要让宝宝养成含着奶头入睡的习惯；半夜宝宝哭闹，或者有其他动静的时候不要不问青红皂白或者为了息事宁人就用奶头安抚宝宝。养成这个坏习惯之后，妈妈会非常辛苦，宝宝也恼火。

2 6～8个月

一般来讲，给宝宝添加辅食在午餐或晚餐这两个时间点喂奶前添加，当然也可以在上午起床后那餐加。

辅食逐渐增多，辅食后的奶量逐渐减少。

午餐或晚餐可以做成肉泥蔬菜米糊。

◎6点（凌晨，也可能4～5点或5～6点）：奶

◎9点（起床后）：奶

◎11～12点（午餐）：米粉+蔬菜泥+蛋黄+肉类+奶（间隔3～5天增加辅食量或种类，从少到多，喂了辅食之后立即喂奶，奶量由宝宝决定）

◎15点（下午餐）：奶

◎17～18点（晚餐，第一餐辅食适应大约2周后加这一餐）：米粉+蔬菜泥+肉类+奶（从少到多，喂了辅食之后立即喂奶，奶量由宝宝决定）

◎21点（睡前）：奶

3 8～10个月

有的宝宝这个时候已经可以用一餐辅食替代奶了，有的还没有，没有关系，一定要根据宝宝的消化情况和宝宝的意愿来调整，做妈妈的千万不要一厢情愿地替宝宝决定食量。坐得稳当的宝宝需要有自己的餐桌、餐椅，吃辅食时做点手指食物让宝宝抓着吃，学会自己进食。

如果用一餐辅食代替一餐奶，一定要注意这餐辅食必须有饭有菜，有荤有素。米面类∶蔬菜类∶肉类的比例大约为1∶1∶1。如果想宝宝长得更胖，可以增加肉量，相反，如果宝宝太胖，就增加蔬菜的量，主食中可以增加粗粮。

¤6 点（凌晨，也可能 4 ～ 5 点）：奶

¤9 点（起床后）：奶（也可以奶前加辅食）

¤11 ～ 12 点（午餐）：米粉 + 蔬菜泥 + 蛋黄 + 肉类 + 奶（从少到多，喂了辅食之后立即喂奶，奶量由宝宝决定。如果宝宝吃了辅食后不再吃奶也没有关系，注意辅食量是否充足，准备的辅食如果宝宝吃完了提示可能辅食量不足，下次适量增加）

¤15 点（下午餐）：奶

¤17 ～ 18 点（晚餐）：米粉 + 蔬菜泥 + 肉类 + 奶（从少到多，喂了辅食之后立即喂奶，奶量由宝宝决定。如果宝宝吃了辅食后不再吃奶也没有关系，注意辅食量是否充足，准备的辅食如果宝宝吃完了提示可能辅食量不足，下次适量增加）

¤21 点（睡前）：奶

4 10～12个月

这个年龄段宝宝可能添加2～3餐辅食，也可能有1～2餐辅食已经完全替代奶，但是同样一定要注意这餐辅食必须有饭有菜，有荤有素。米面类：蔬菜类：肉类的比例大约为1∶1∶1。如果想宝宝长得更胖，可以增加肉量，相反，如果宝宝太胖，就增加蔬菜的量，主食中增加粗粮。宝宝需要有自己的餐桌、餐椅，吃辅食时做点手指食物或者放少量可以抓来吃的食物让宝宝抓着吃，让宝宝学习自己进食。

10～12个月

¤6点（凌晨，也可能4～5点）：奶

¤9点（起床后）：蛋黄蔬菜米糊＋奶（这餐可能只吃辅食，也可能吃了辅食后再喝奶）

10～12个月

◎11～12点（午餐）：西红柿猪肉粥+奶(从少到多，喂了辅食之后立即喂奶，奶量由宝宝决定，宝宝也有可能吃了辅食后不需要喝奶了）

◎15点（下午餐）：奶

◎17～18点（晚餐）：香菇鳕鱼粥+奶(从少到多，喂了辅食之后立即喂奶，奶量由宝宝决定，宝宝有可能吃了辅食后不需要喝奶了）

◎21点（睡前）：奶

5 12～18个月

这个年龄段大约有三餐奶、三餐辅食，添加辅食后基本都不喝奶了，要注意辅食量是否充足。注意吃饭时要固定餐位，对会走的宝宝特别要注意不要养成边走边喂辅食或者追着喂的坏习惯。

12～18个月

- 6点：奶
- 9点（起床后）：奶+全蛋+点心
- 11～12点：西红柿猪肉面条
- 15点（下午餐）：奶
- 17～18点（晚餐）：蔬菜红薯肉粥
- 21点（睡前）：奶

温馨提示：每餐食量由宝宝决定。注意主食、辐食的比例，食物种类多样化，单独烹饪，学习控制和使用勺子。餐间进食适当水果。就餐时固定餐位，不做任何分散宝宝注意力的事。

6 18 ~ 24个月

¤7 ~ 8点：奶+全蛋+点心（宝宝可能起床较之前更晚，奶、蛋、点心就合并了，跟成人一样）

¤11 ~ 12点：胡萝卜土豆肉粥

¤15点（下午餐）：奶

¤17 ~ 18点（晚餐）：蔬菜鱼肉粥

¤21点（睡前）：奶

温馨提示：注意主食、辅食的比例，食物种类多样化，单独烹饪，可以加少量盐。让宝宝学习控制和使用勺子。餐间进食适当水果。就餐时固定餐位，不做任何分散宝宝注意力的事。每餐食量由宝宝自己决定。

妈妈们制作的辅食分享

秋葵蒸蛋

制作者：灏灏麻麻

【准备食材】

秋葵适量、鸡蛋1枚（蛋白过敏的宝宝可只用蛋黄）。

【制作】

（1）将准备好的秋葵切成小段的形状，备用。

（2）将准备好的鸡蛋打入碗中。

（3）用筷子打撒之后，在碗中加入适当的清水。

（4）将切好的秋葵放入碗中。

（5）中火蒸10分钟左右。

余妈妈提示：这道秋葵蒸蛋可以跟米面类一起作为早餐吃。

三色布丁

制作者：灏灏麻麻

【准备食材】

鸡蛋黄、紫薯、南瓜、冲好的奶粉。

【制作】

（1）紫薯、南瓜切片，放蒸锅中蒸15分钟，用筷子能戳透就可以了。

（2）蛋黄打散。

（3）将蒸好的紫薯压成泥，加入一勺蛋黄液、适量冲好的奶粉，搅拌均匀。

（4）蒸好的南瓜压成泥，加入一勺蛋黄液（不加奶粉），搅拌均匀。

（5）打散的蛋黄加入剩余的奶粉，搅拌均匀。

(6)将紫薯泥放入耐高温玻璃磨具(碗也可以)中。

(7)加入南瓜泥，用勺子把表面抹平。

(8)用小勺子一勺一勺地加入鸡蛋液，盖上保鲜膜（用牙签扎几个小孔）。冷水入锅，水开后中火蒸20分钟。

蒸好的布丁颜值高、色鲜味美。可以作为早餐吃。

蛋黄溶豆

蛋黄溶豆属于第3～4阶段手指食物。

制作者：灏灏麻麻

【准备食材】

鸡蛋2个、配方奶粉一勺、柠檬汁。

【制作】

（1）过滤出蛋黄，滴入几滴柠檬汁，用打蛋器（最好是电动打蛋器）打至颜色变浅，表面有小泡泡。

（2）用滤网筛入配方奶粉，快速拌匀。

（3）装入裱花袋。

（4）快速挤到烤盘上（垫一张油纸）。

（5）预热烤箱 100℃，40 分钟上下层（温度根据自己家的烤箱定）。随时注意观察，烤好的溶豆很饱满，容易从油纸上拿下来，如果塌陷说明没有烤熟。

这道蛋黄溶豆看到就想吃，可以跟早上的粥一起吃。

水果蔬菜圣诞树

制作者：灏灏麻麻

【准备食材】

小西红柿、草莓、金橘、青柠檬、杨桃、西兰花、梨、红萝卜、橘子、牙签。

【制作】

（1）红萝卜切合适长度，底部插牙签，插一半露一半出来，露出来的那一半插在橘子顶部。看看站得稳不稳，直不直。

（2）西兰花入沸水焯一下，不能太久。

（3）牙签插在橘子和红萝卜上，呈树枝形状，上部分插深一点，下部分插浅一点，远看是个三角形（也可以不用提前把牙签插上）。

（4）最下面插上西兰花、草莓、金橘大一点的水果，不要全部插满，适当留一点空隙。

（5）空隙用小的水果填满，有些不用插在牙签上，可以直接塞在缝隙里。

（6）杨桃自带星星形状，直接用来装饰顶部。

（7）撒上奶粉即成（因为是宝宝吃就没有用糖霜）。

小铜锣烧

制作者：宸娃和米豆的妈妈

【准备食材】

鸡蛋一个、小紫薯一个、面粉25克左右、食用油少许、配方奶30毫升、糖3～5克（1～2小勺，可以根据口味增减）。

【制作】

（1）小紫薯蒸熟后制成紫薯泥备用。

（2）鸡蛋要蛋黄蛋清分离，装蛋清的碗一定要无油无水，否则不利于蛋清打发。

（3）蛋黄倒入装有油和配方奶的碗里，搅拌均匀后再加入面粉搅拌，直到面糊见不到明显的颗粒。

（4）往蛋清里加入一半糖，开始打发（一定用电动打蛋器，不然会累到怀疑人生都不一定成功）。第一次把蛋清打发至起鱼眼大小的泡。

（5）然后加入剩下的糖再打发，第二次要把蛋清打发到拉起小尖峰都不会塌，OK！

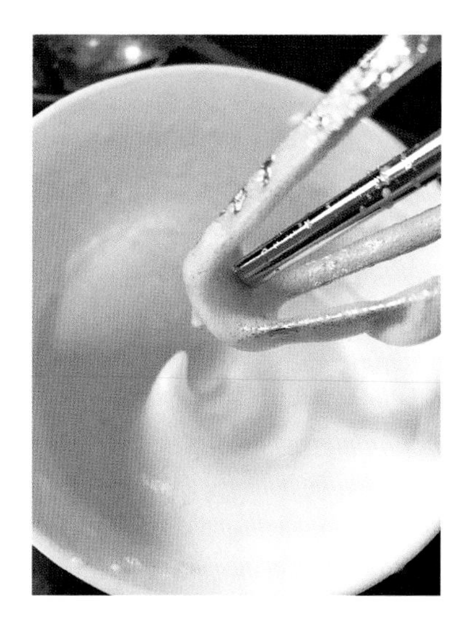

（6）把面糊全部倒入打发的蛋清里快速搅拌均匀，这样饼子才会松软。混合好以后应该是黏稠易滑落的状态。

（7）用勺子舀一勺面糊倒入平底锅，在平底锅里自然形成一个小圆饼，熟透且表面微黄就可以出锅了。

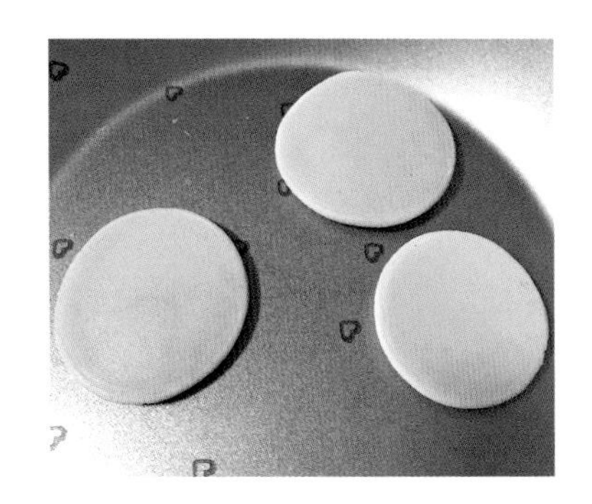

【注意事项】

蛋清一定要打发，这样煎出来的饼才松软可口。没有电动打蛋器的话就不要勉强自己做，手动打很累（买手持式的电动打蛋器就可以，小巧轻便）。

中间的馅料可以随意替换为山药泥、红枣泥、南瓜泥、蔬菜泥等，甚至肉泥也可以，只要宝宝愿意吃。

刚开始做出来的铜锣烧的颜色还不是那么好看，慢慢地颜色就有点那个味道了。我用的面粉量做出来大概有6个完整的铜锣烧，还多出一个饼，如果要一次多做些的话，要加大食材量。

山药西兰花瘦肉粥

制作者：黄兰

【准备食材】

米、淮山药、西兰花、瘦猪肉。

使用的主要工具：小炖锅和料理机。

【制作】

（1）在小炖锅内加入少许米、淮山药，选择“炖汤”，煮一个半小时后加入切好的肉块（建议切成肉块，如果切成碎肉料理机不容易完全打碎）。在还剩半小时的时候加入西兰花。

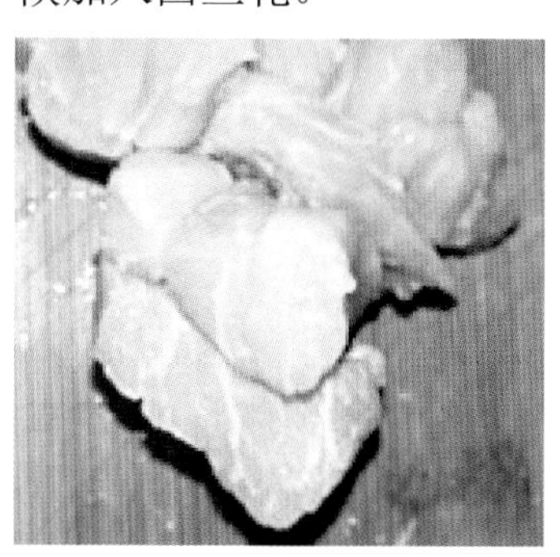

（2）煮好后稍晾凉，放入料理机内打成泥状即可。

这是6～8个月宝宝的辅食。辅食制作可以就这么简单。

牛肉松

制作者：木木妈妈

【准备食材】

牛肉、生姜。

【制作】

（1）将牛肉切片后洗净，放入冷水中泡30分钟，将血水泡出。

（2）将泡好的牛肉再次洗净，加生姜，冷水下锅，焯水，去浮沫，换干净水，煮 30 分钟。

（3）将煮好的牛肉控水、晾干。

（4）将晾干的牛肉放入料理机打松，如果觉得肉松不够干，就放入锅中用小火翻炒后再打松。

辅食制作工具和技巧分享

余妈妈也有一些制作辅食的工具，五颜六色的碗、盘、勺，还有接食物残渣的围兜。妈妈们买工具时主要担心的是材料安全性。

看看妈妈们关于辅食的工具有什么经验分享。

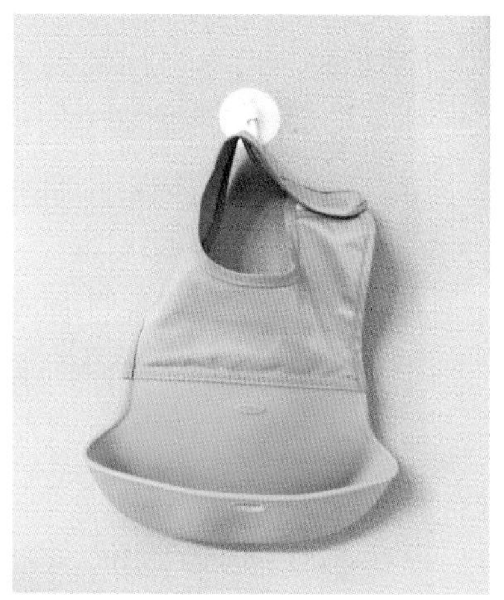

1 网名“郭睿”的妈妈的分享

辅食机：辅食机可以把食物做成泥状，但是有妈妈认为不足的是肉类和较硬的蔬菜不易熟，搅拌后食物粗细不易控制；如果食物量太少，辅食机搅拌不了。但小朋友一开始吃不了那么多，如果要每顿都吃新鲜的就会导致浪费。所以辅食机使用时间不长，可能1岁后基本就不用辅食机了。宝宝8～10个月可以试着用传统的奶锅煮饭。

余妈妈的体会是刚开始加辅食不需要辅食机，因为量太少不好搅拌，做多了浪费，用最普通的锅、碗、勺非常方便。

2 网名“依伶”的双胞胎妈妈的分享

肝脏类去腥：使用白糖多次揉、�、腌制并冲洗干净，直到白糖去除血水。猪肝需要用水反复冲洗，在煮之前需用清水泡一泡看看是否还有残留。经过白糖处理的猪肝煮出来无腥味，宝宝接受程度高，也可以考虑用柠檬、生姜。

鳕鱼、三文鱼等去腥：这类海鱼不处理，蒸煮后腥味较重，宝宝接受度不高。很多妈妈考虑用柠檬腌制。之前有位宝妈提过使用洋葱，我发现洋葱真的是个宝，在蒸煮之前使用洋葱腌制一会儿，然后上锅一起蒸熟，熟后的海鱼口感比柠檬腌制的口感更好。

关于肉类选择：两个宝宝第一次尝试的是猪肉。在矫正月龄 8 个月时开始添加肉（因为在此之前第一次尝试蛋黄，导致腹泻，等恢复后才慢慢添加，时间较晚）。目前鱼类宝宝只尝试过鳕鱼、三文鱼，对海虾及其他海鲜，我们考虑过早地尝试容易过敏。另外，宝宝还尝试过牛肉、鸡肉、猪肝、鸡肝，最近也偶尔喝喝鲫鱼汤。不管吃什么，我一直觉得营养均衡搭配，不追求哪种好吃就多吃，坚持多种口味交替更换。

关于水果：1 岁以内最好不要给宝宝吃带毛的水果。在桃子上市的时候，我给两个宝宝吃桃子，结果没多久就呕吐了。水果种类多，虽然好吃但是不宜每次吃太多。可以多种搭配在一起打成泥，或弄成块状让宝宝自己抓啃。但是像苹果这类水果切成条状后，宝宝可能啃下一口随便咬咬就直接吞下去，容易噎住，所以在让宝宝自己吃水果的时候，家长一定要多注意，防止宝宝噎住。

3 小郭郭妈妈的分享

小郭郭 2017 年 1 月出生，从 5 个多月开始我尝试为她添加辅食。刚开始尝试为她增加米粉作为辅食，可小家伙一直不是很爱吃，于是我就想着要给她制作辅食，也对各种辅食机产生了浓厚的兴趣。

先是入手了一款辅食机，被其健康蒸煮的概念深深打动。入手后，开始迫不及待地研究、制作。第一次尝试做南瓜羹，按照说明书及食谱制作，成功。后来逐渐增加辅食品种，发现了一些不足，比如：肉类和较硬的蔬菜不易熟，搅拌后食物粗细不易控制；每次食物量不能太少，否则搅拌不了，因为小朋友一开始吃不了那么多，如果每顿都要新鲜就会导致浪费。后来宝宝的辅食添加了米饭，我又购置了蒸煮篮，用了一次后弃用了，因为米饭不易熟，需要反复加水蒸煮，不太方便。

辅食的品种越来越多之后，我感觉还是用最传统的方法——水煮比较方便，于是入手了专用的小奶锅和小煎锅，同时又购入了可以当搅拌器使用的零差评榨汁机。配合使用了一段时间，还是老问题，即每次食物量不能太少，否则搅拌不了，每顿都要新鲜就会导致浪费。后来小郭郭的外婆果断用上了最传统的食物粉碎器——菜板 + 菜刀，粗细自由控制，随心所欲 100 分。当然需要注意的就是专用菜板、专用菜刀、生熟区分。

有次带小郭郭回老家，中间有一个半小时左右的车程，到达目的地之后就来不及给小郭郭做午饭了，于是想起在我怀孕时为了吃得健康，购入了一个智能电热饭盒，赶紧提前做好了中午的饭菜并抽真空保鲜，将其带回老家再加水，10 分钟热好（其实没热之前都还是温热的呢），让小郭郭按时吃上了午饭。后来发现了这个小饭锅的强大，不只可以保鲜、再加热，还能直接蒸煮米饭、肉、菜等，现在已经成为小郭郭一日两餐的主要制作工具了。这个智能饭盒功能真的蛮强大的，可以单层或双层使用，米饭、菜、肉都可以分开煮，还能提前预约好时间，回家就可以吃到香喷喷的饭菜啦，机身也不是很大，既满足给小郭郭单独制作食物的需要，又不占地方，已经推荐给几个好友啦。

限于篇幅，还有很多妈妈们的分享没有摘录在此。

看了妈妈们辅食制作方法和技巧的分享，余妈妈不由得对年轻一代妈妈们肃然起敬！也为自己年轻时的“愚笨”感到愧疚。我想起一句话：没有天生厌食的宝宝，只有缺乏耐心的懒妈妈。

参考文献

[1] Mary Fewtrell, Jiri Bronsky, Cristina Campoy, et al. Complementary Feeding: A Position Paper by the European Society for Paediatric Gastroenterology, Hepatology, and Nutrition (ESPGHAN) Committee on Nutrition [J] . JPGN Volume 64, Number 1, January 2017.

[2] Onis, Cutberto Garza Adelheid W. Onyango, et al. Comparison of the WHO Child Growth Standards and the CDC 2000 Growth Charts1 Mercedes de J [J] . Nutr, 2007, 137: 144 - 148.

[3] EFSA Panel on Dietetic Products, Nutrition and Allergies (NDA) . Scientific Opinion on the appropriate age for introduction of complementary feeding of infants [J] . EFSA J, 2009, 7 (12) : 1423 - 1461.

[4] Agostoni C, Decsi T, Fewtrell M, et al. Complementary feeding: a commentary by the ESPGHAN Committee on nutrition [J] . J Ped Gastroenterol Nutr, 2008, 46: 99－110.

[5] WHO Multicentre Growth Reference Study Group. WHO child growth standards: length/height-for-age, weight-forage, weight-for-length, weight-for-height and body mass in- dex-for-age: methods and development[S]. Geneva: World Health Organization, 2006.

[6] Christine Prell, Berthold Koletzko. Breastfeeding and Complementary Feeding [J] . Dtsch Arztebl Int, 2016, 113: 435－444.

[7] 李辉．儿童生长评价的研究进展 [J]．中国儿童保健，2013，08（21）：787-792.

[8] 李廷玉．儿童体格生长的评价及生长曲线图的使用 [J]．中国实用儿科，2010，25（11）：894-896.

［9］中国营养学会膳食指南修订专家委员会，妇幼人群指南修订专家工作组.7～24月龄婴幼儿喂养指南[J].临床儿科杂志，2016，34（5）.

［10］Ricci G.，Caffarelli C. Early or not delayed complementary feeding？：This is the question. J. Allergy Clin［J］. Immunol，2016，137：334－335.

［11］Ricci G.，Cipriani F.，Which advises for primary food allergy prevention in normal or high-risk infant？ Pediatr［J］. Allergy Immunol，2016，27：774－778.

［12］Nicklaus，S. The role of food experiences during early childhood in food pleasure learning［J］. Appetite，2016，104：3-9.

［13］Rapley G，Murkett T. Baby-led weaning：helping your baby love good food[M]. Vermilion：London，UK，2008.

［14］Brown A，LEE M. An exploration of

experiences of mothers following a baby-led weaning style: Developmental readiness for complementary foods[J]. Matern Child Nutr, 2013, 9 (2) : 233-243.

[15] Barachetti R, Villa E, Barbarini M. Weaning and complementary feeding in preterm infants: management, timing and health outcome [J] . Pediatr Med Chir, 2017, 39 (4) : 181.